東京・再開発ガイド

街とつながるグラウンドレベルのデザイン

ガイド

大江 新

Shin Ohe

学芸出版社

はじめに

　コロナ禍にともなって進みつつある諸活動の分散化とは裏腹に、東京都心部における大型ビルやマンションの新規着工はなおも活発な動きを見せている。この傾向がさらに増大するものか、あるいは沈静化へ向かうのかは分からないとしても、老朽化を迎える複数のビルを統合する形の建て替えは今後も進んでゆくだろう。

　近年の高層ビルや大型ビルが、制耐震や省エネルギー、高寿命化や AI などの諸技術を伴いながら高性能化へ向かっていることは喜ぶべきだが、人々が住み働く街との接点、特に足元部分のつくりを見てゆくと、未熟で納得の行かないケースも結構多い。目一杯の用途を詰め込もうとするあまり、レイアウトが複雑でゆとりに乏しいケースや、利用者の利便性を優先するあまり、近隣者や通行者に対する配慮が不足するケースを見るのは辛い。また中低層建物の場合も、敷地規模の大きなマンションや住宅団地で、周辺に対する開放度や接近性に欠ける例が見受けられる点は残念だ。

　背景として、都市再生特区における過大な容積率や、富裕層に焦点を合わせた開発姿勢なども影響しているのだろうが、加えて設計作業量に対する技術者の不足や若手設計者の経験不足、多様で複雑な設計を比較的容易に解決してしまうかに見えるコンピュータの普及などにも原因がありそうだ。

　機能面や利便性とは別に「心地良さ」や「場所への愛着」など、人々の空間に対するヒューマンな感覚を丹念にとらえながら「街らしさ」を創出できる時、初めてビルが地域に溶け込めたと言って良い。すなわち、大規模建築にとってのマナー（資質や要件）をふまえながら、それを設計内容に投影する際には、高度な技術や知識のほかに、素朴な日常感覚や身近な実体験に頼るべき部分が多いことを見逃すわけにはいかない。

本書は、大型建築や再開発についての全般的な知識や技法を説くものではなく、それが備えるべきマナー（先述）について、街との接点を基本に据えながら、景観面や計画面、ビルに備わる懐（ふところ）や空地と緑、多様性の創出や歩行者と車の関係などを論じるもので、さらに大型建築の功罪（長所と短所）や建物の中身に関わる考察までを含んでいる。

　読者層としては、設計者とその予備軍なる計画系学生のほか、計画に際して重要な鍵を握る建築主や直接利用者、建物の影響を大きく受ける近隣者や周辺者までを視野に入れ、特別な専門知識がなくてもご理解いただけるよう心掛けた。

　設計者については、仕事量に比して人材が不足気味のため未熟なまま作業に組み込まれるケースは多いだろうし、養成の一端を担う大学や大学院の設計・計画系の授業で、大型建築に費やすことのできる時間は限られている。また建物の実現に際して大きな力を持つはずの建築主は、往々にして採算性の追求や準備スケジュールに追われるあまり、街との融合にまで配慮が及ばないケースは多い。さらに建物利用者や周辺近隣者にとっても、大型建築が生み出す功罪についての知見は重要と思われる。それによって建物への理解が深まるだろうし、行政や事業者へ向けての適切な発言や行動も可能になるに違いないからだ。

　第1部では、地域へおよぼす影響の大きい建築物、すなわち超高層ビルやマンションのほか、敷地の広がりが大きい中低層集合住宅や多数の店舗が集積する大型商業ビルも対象とし、著者自身が見て回り考察した東京の事例について、写真と共にご紹介したい。

　第2部では、最近の事例とは別に歴史建築など過去の例も題材に入れながら、「都市景観や街の多様性」、「広場の性格や建築内部のつくり」、「緑の扱いや人と車の関わり方」などについて論じており、併せてお読みいただくことで、前半（第1部）の理解も深まることと思う。

大江 新

目　次

第2部｜都市デザインの新しい視点と手法

第 1 部

東京の超高層・大型再開発を歩く

掲載事例マップ

全体図

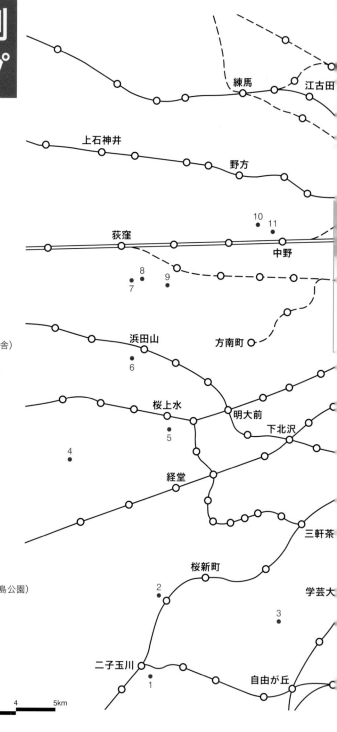

0　　1　　2　　3　　4　　5km

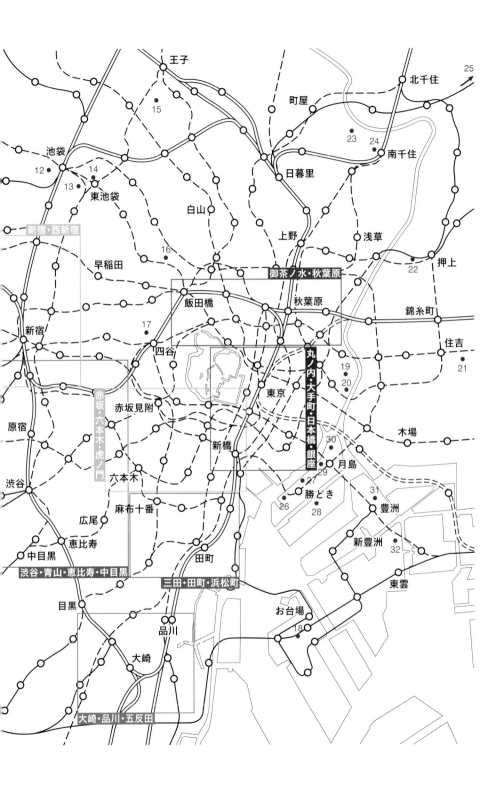

渋谷・青山・恵比寿・中目黒

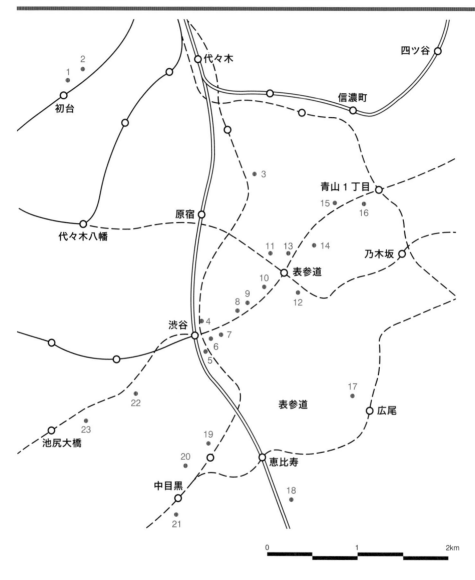

丸の内・大手町・日本橋・銀座

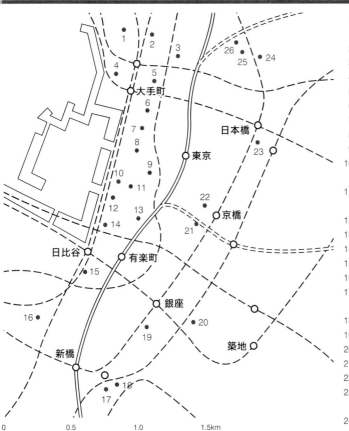

1 経団連会館＋JAビル＋日経ビル
2 大手町ファイナンシャルシティ
3 大手町プレイス
4 東京銀行協会ビル(解体)
5 大手町タワー（オーテモリ）
6 三菱UFJ信託銀行本店ビル
7 新丸ビル
8 丸ビル
9 JPタワー
10 明治生命館
　（丸の内マイプラザ）
11 丸の内パークビル
　（三菱1号館）
12 二重橋スクエア
13 東京国際フォーラム
14 DNタワー（第一生命館）
15 東京ミッドタウン日比谷
16 日比谷シティ
17 カレッタ汐留
　（汐留シティセンター）
18 新橋停車場
19 銀座シックス
20 歌舞伎座タワー
21 東京スクエアガーデン
22 京橋江戸グラン
23 高島屋三井ビル
　（日本橋ガレリア）
24 コレド室町1〜3＋福徳神社
25 日本橋三井タワー
26 日本橋室町タワー

三田・田町・浜松町

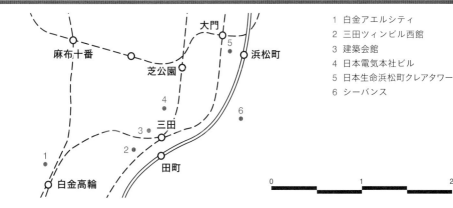

1 白金アエルシティ
2 三田ツインビル西館
3 建築会館
4 日本電気本社ビル
5 日本生命浜松町クレアタワー
6 シーバンス

新宿・西新宿

1 クラッシィタワー東中野
2 西戸山タワーホウムズ
3 新宿ガーデンタワー
4 中野坂上サンブライトツイン
5 アクロスシティ中野坂上
6 中野坂上ハーモニースクエア
7 新宿グランドタワー
8 西新宿三井ビル
9 ラトゥール新宿＋新宿セントラル
　 パークタワー
10 新宿グリーンタワー
11 新宿住友ビル
12 新宿三井ビル
13 新宿センタービル
14 新宿 NS ビル
15 新宿パークタワー
16 新宿イーストサイドスクエア
17 富久クロスコンフォートタワー

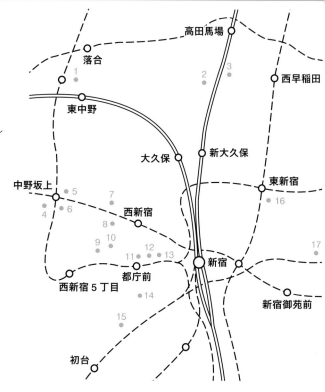

大崎・品川・五反田

1 ポーラ五反田ビル
2 東京デザインセンター
3 大崎アートヴィレッジ
4 ゲートシティ大崎
5 大崎シンクパークプラザ
6 NBF 大崎ビル（旧ソニービル）
7 大崎ガーデンタワー (レジデンス棟)
8 品川グランドコモンズ
9 品川セントラルガーデン
10 品川インターシティ
11 リバージュ品川

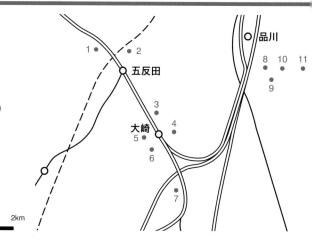

0　　　　　　　　1　　　　　　　2km

御茶ノ水・秋葉原

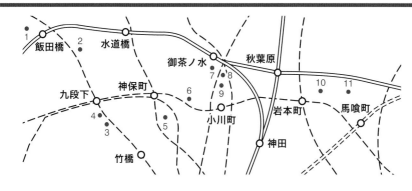

1 セントラルプラザビル
2 アイガーデンエア南地区
3 九段坂病院
4 九段会館テラス

5 東京パークタワー＋神保町三井ビル
6 三井住友海上駿河台ビル
7 新お茶の水ビル
8 御茶ノ水ソラシティ

9 淡路町ワテラス＋ギャラリー蔵
10 PMO 秋葉原 II ビル
11 リョーサン本社ビル

赤坂・六本木・虎ノ門

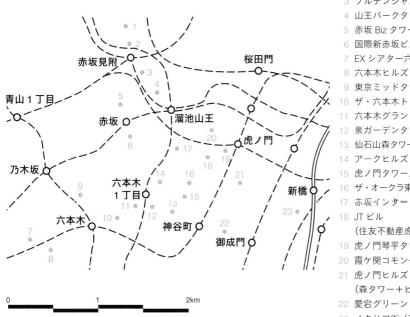

1 平河レジデンス＋ JA 共済ビル
2 東京ガーデンテラス紀尾井町
3 プルデンシャルタワー
4 山王パークタワー
5 赤坂 Biz タワー
6 国際新赤坂ビル
7 EX シアター六本木
8 六本木ヒルズ
9 東京ミッドタウン＋檜町公園
10 ザ・六本木ト・キョー
11 六本木グランドタワー
12 泉ガーデンタワー
13 仙石山森タワー＋仙石山テラス
14 アークヒルズ
15 虎ノ門タワーズ
16 ザ・オークラ東京＋大倉集古館
17 赤坂インターシティ Air
18 JT ビル
   （住友不動産虎ノ門タワー）
19 虎ノ門琴平タワー
20 霞ケ関コモンゲート
21 虎ノ門ヒルズ
   （森タワー＋ビジネスタワー）
22 愛宕グリーンヒルズ
23 イタリア街（汐留シオサイト）

0　　　　　　1　　　　　2km

通り抜ける／留まる

キャピタルゲートプレイス月島　高層棟から伸びる中層棟のピロティをくぐった先に中庭が広がり、隣接のアイマークタワーまで抜けて行ける（► p.36、61）

コレド室町 1〜3　日本橋室町の三つの店舗ビルの間を抜け、福徳神社へ向かう歩車共存路には吊提灯や置行灯など江戸情緒の漂う装いが施されている（► p.68、81、103）

高さ制限 4.6m

虎ノ門タワーズ　オフィス棟とレジデンス棟の間の高低差7〜8mを結ぶ歩路の途中には、大型彫刻のほかパラソルやテーブルの置かれた小広場が広がる（▶ p.36）

東雲キャナルコートCODAN　中央部を抜けるS字状の歩行路は六つの街区をつなぎ、両側には誰もが佇めるデッキ状広場や植栽スペースが設けられている（▶ p.48、121）

起伏との共演

ザ・六本木トーキョー　敷地の高低差を巧みに織り込んだ足元広場は、列柱と梁が作る結界によって道路からわずかに隔てられ、内側には小店舗が並ぶ（▶ p.23）

新宿イーストサイドスクエア　サンクンガーデンは緩やかにうねる森で覆われて、大きな開口部からは下の店舗の様子や人々の動きを眺めることもできる（▶ p.30、41、91、100）

三田ツインビル西館　芝生と樹木に覆われた庭は聖坂上の尾根へ向かってなだらかに上り、台地上の住宅地との間はシースルー型エレベーターで結ばれる（▶ p.55）

泉ガーデンタワー　サンクンガーデンから高低差約 25 m の台地上へ向かって階段とエスカレーターが上り、途中には店舗の屋外テラスがいくつか顔を見せる（▶ p.55、91）

空間の広がり

JT ビル（住友不動産虎ノ門タワー）　玄関ロビー中央には水面が設けられ、透明感溢れるアトリウムの下にマルタ・パンによる白い彫刻が浮かぶ（▶ p.93）

六本木ヒルズ　店舗棟（ウェストウォーク）とホテル棟を切り裂く形で伸びる渓谷状のアトリウムは、進むにつれて新たな光景が現れる期待感を抱かせる（▶ p.79、84、115）

品川インターシティ　駅から伸びるスカイウェイがビルに寄り沿い、地下 1 階から地上 3 階まで吹き抜ける大らかなアトリウムが店舗街を包む（▶ p.97、119）

虎ノ門ヒルズ　階段状アトリウムは、地下を走る環状 2 号線の線形に沿いながら、屋外のステップガーデンと並行して屋上庭園（オーバルコート）へ向かう（▶ p.74、86）

刻み込まれた時間

虎ノ門琴平タワー　金刀比羅宮は、旧来の本殿と拝殿を残しながら参道と社務所、神楽殿、手水舎を同ビルの足元に組み込む形で神域が整えられた（▶ p.63）

汐留シオサイト　南北長さ1kmを超える地区の海側には、江戸期の大名庭園を引き継ぐ浜離宮庭園が広がり、隅田川の河口を隔てた晴海側から全容が見渡せる（▶ p.85、116）

大川端リバーシティ　隣接する住吉神社の脇には、江戸期以来の佃島の名残りをとどめる船溜りが今も生きる（▶ p.47、96、112）

JPタワー　東京中央郵便局の一部を残す形で建てられた同ビルの商業施設（KITTE）の屋上には庭園が広がり、復元改修された東京駅々舎の姿を一望することができる（▶ p.65、80）

視点 1
広場にとっての結界

　広場がビルを囲む形すなわち外周広場型（147頁）の場合、樹々の広がりの中からビルが建ち上るといった作り方ができれば、外周道路から少し隔て<ruby>隔<rt>へだ</rt></ruby>てられたまとまりある景観が生まれるだろう。だが広場が敷石やタイルなど石系の場合には、道路からそのままダラダラつながる印象が強く、メリハリに欠けた構図になりやすい。特に建物が道路から大きくセットバックする場合には、道路沿いに何らかの結界を設けることで「道路〜結界〜広場〜建物」といった重層性が生まれ、広場の<ruby>懐<rt>ふところ</rt></ruby>効果（167頁）も高まってくれる。

オペラシティの劇場前面は足元が透けて中庭まで見通せる

オペラシティのシティタワー前面は足元が植栽に覆われて内側が見えない

(1) 透ける列柱

　回廊や<ruby>翼廊<rt></rt></ruby>が作る結界の効果（151頁）についての分かりやすい例として**オペラシティ**（新国立劇場 1997 ＋シティタワー 1996）における街と広場のつながりを見てみよう。

　甲州街道側からオペラシティ全体を眺める時に特徴的なのは、道路に沿って長く伸びる3階建の低層棟だ。特に西寄り（劇場の前面）は列柱で持ち上げられたピロティの奥に水をたたえた石の広場が内なる領域として広がる。逆に広場から外側を見返す時には首都高速道路が低層棟に<ruby>遮<rt>さえぎ</rt></ruby>られ、列柱越しに下の道路だけが見える。一方、東寄り（シティタワーの前面）の低層棟の見え方は少し異なっている。上部の壁は劇場前と同じ形状のまま続くが、1階部分が緑で<ruby>塞<rt>ふさ</rt></ruby>がれて奥まで見通すことができない。内側のサンクンガーデンの存在を知ることもできないし、そのせいでビル足元のゆとり感が乏しい。

　前者のような「透けた列柱」の効果は、古くはストックホルム市庁舎（1923）に見るこ

とができるし、その後、1950～60年代のわが国の庁舎建築にも多く登場している（157頁）。近年の例として、これらとは少し異なる形だが新宿区の**西戸山タワーホウムズ**(1988)の足元にまとわる列柱広場の構成がたいへん興味深い。広場が具体的な目的に使われる機会は頻繁ではないとしても、列柱とそれを結ぶ跳び梁によって屋根も壁もないフレームが構成され、高層棟と街の間に独特の懐（ふところ）領域が生まれている。

西戸山タワーホウムズの高層棟にまとわる列柱広場

　また、ザ・六本木トーキョーの三角広場には透けた列柱の好例があり、東池袋のアウルタワーや住友不動産原宿ビルの足元にも結界の片鱗を見ることができる。

　ザ・六本木トーキョー(2011)の足元広場は、前面道路に沿って伸びる庇（ひさし）状の梁をくぐって階段を上ったレベルにある。店舗数の少ない小さめの広場だが、道路との間に架かる庇状の梁とそれを支える列柱によって街から切り取られた領域に好ましい内包感があり、空の見え方も印象的だ。

ザ・六本木トーキョーの足元広場

　東池袋の**アウルタワー**(2011)では、道路に沿って7～8mの高さに架け渡された細長い跳び梁がちょっとした結界を作っていて発想は面白いが、歩行者の目線から少し高すぎて広場としての領域感は弱い。**住友不動産原宿ビル**(2007)の広場自体は何もなくガランとしているが、明治通りに沿って伸びる庇が結界の片鱗を感じさせてくれる。

　以上の結界とは少し異なるが、**勝どきザ・タワー**(2013)の低層部には列柱で支えられ

住友不動産原宿ビルの広場前面を囲う梁

勝どきザ・タワーの足元を巡る半透過性の庇

子供の城、国連大学本部、青山オーバルビルの前面に続く広い空地

道路から大きく後退する中野サンプラザと中野区役所

た半透過性の庇が巡る。足元は歩道と同じ石系の仕上げだが、この庇によって建物周囲には懐（ふところ）としての明確な領域感が生まれている。

(2) 結界がほしい広場

　建物の前面や周囲に石系の広場（151頁）を有する例をいくつか眺めてみよう。いずれも、道路沿いに何らかの結界を設けることによって広場の存在感が高まり奥行き感が生まれそうなケースだ。結界としてはピロティ状の低層棟もあり得るだろうし、列柱が支えるシンプルな庇でも構わない。何らかの結界を想像しながら眺めてみると、広場の領域感が浮かび上がって見えてくる。

　少し古い例だが、渋谷駅に近い青山通りに面して三つの建物（子供の城、国連大学本部、青山オーバルビル）が並ぶ一帯がある。3棟すべてが道路から25m近くセットバックし、長さ200mぐらいにわたって前面広場が連続する形だ。各広場には低い植込みもあるが、石やタイルが主体のため、この一帯だけが異様に広がって見える。せっかくの広場なのに道路からダラダラとつながった印象がもったいない。もしここに広場を縁どる何らかの結界があれば、それを介しての重層性が生まれて広場の存在感は増し、奥行き感も高まってくれるにちがいない。

　都心から少し離れるが、JR中野駅北口に並ぶ**中野サンプラザ**（1973）と**中野区役所**（1968）の一帯も、広場と駐車場のせいで周囲から遠ざけられてどこか間の抜けた印象だ。

ここも何らかの結界が加わることで、街と広場の間にメリハリが生まれ、まとまった領域感を感じることができるだろう。

以降、近年登場したビルの中から、広場になんらかの結界が加わることで領域感が増し、居心地の高まりそうなケースを探ってみたい。

溜池に建つ**山王パークタワー**（2000）の高層棟は道路から大きくセットバックし、前面に整然と並ぶ高木の列がわずかに結界の役割を果たしている。樹木がかなり育ってきたものの、道路からそのまま境目なくつながる箇所は多く、広場の存在感が曖昧だ。樹木をもっと密に植えるか、あるいは前面に回廊（列柱と庇）のような結界が加われば、道路からの見通しを残したまま広場の領域性は高まり、内包感も生まれるにちがいない。回廊の下は抜けたままでも構わないし、所々に小さなショップが入ってもよい。

同じ外壕通りの赤坂見附駅近くに建つ**プルデンシャルタワー**（2002）の足元南側には、奥へ向かって伸びる2階建の店舗棟がある。もし、これが前面側で折れ曲がって道路沿いに延び、所々にピロティ状の抜けが加われば、広場の奥行き感は高まるだろう。

霞ヶ関ビルと並ぶ**霞ヶ関コモンゲート**（2007）では、旧文部省の3階建レンガタイルの建物が高層2棟の足元を半ば囲むような形で保存されている。だが残念なことにそれが南側で途切れてしまい、中途半端な囲みに終わっている。旧ビルからつながる形でさらに

山王パークタワーと足元広場

プルデンシャルタワーと店舗棟（右）

霞ヶ関コモンゲートの足元を半ば囲む旧文部省の建物

白金アエルシティ高層棟から離れ建つ中層棟（左手前）

赤坂 Biz タワーから離れ建つ別棟（左）

勝どきビュータワーの足元広場へつながる勝どき公園

翼廊が伸びてくれれば、西側の霞テラス広場へ続く一帯の存在感はもっと高まるにちがいない。

　ほかにも、回廊や翼廊を加えることで広場の領域性が高まりそうなケースとして、白金アエルシティや赤坂 Biz タワー、勝どきビュータワー、淡路町ワテラスなどが思い浮かぶ。白金アエルシティ（2005）は高層2棟と中低層とがバラバラに建つ印象で一体的なまとまり感が弱いし、赤坂 Biz タワー（2008）は北西へ向かう桜の道が微地形を活かした緩やかな起伏で周囲に馴染んでいるのに、高層棟と別棟に挟まれた広場の性格が今一つはっきりしない。いずれのケースも、全体をゆるく束ねながら一体感を感じさせるような抜けのある低層棟がほしい。

　また勝どきビュータワー（2010）と淡路町ワテラス（2013）の足元広場（58頁）は、ともに隣接する公園と地続きの一体的なつくりだが、道路、公園、広場が漫然とつながった印象で緊張感が乏しい。もし公園と広場の間に何らかの弱い結界があれば、「場」の魅力はもっと高まるにちがいない。

視点2
視線の抜けるビル

　一般に、ビルが建つことで背後の風景は隠れ、見上げる空の広がりが狭まってしまう。ビルが増えれば街から次第に遠望が消えて死角が増えることになる。そんな心配を少しでも救ってくれるのが天井の高いピロティやガラスのロビーなど、ビルの背後を見通せるつくりだ。「建物を貫く視線」や「空や水辺を見通す視線」などに着目しながら実例を眺めてみよう。

(1) 建物を貫く視線

　規模は小さいが、JR山手線の五反田駅近くに**ポーラ五反田ビル**（1971）が登場した時、柱のない1階ロビーを通して背後に見える緑の斜面は新鮮な光景だった。その2年後に大手町に誕生した三和銀行東京ビルは規模も大きく、ポーラビルのような親近感のある見通しではなかったが、1階には東西を貫く形で長いロビーが伸びていた。銀行の本店ロビーなので、気軽にのぞき込んだり通り抜けたりする雰囲気ではなかったが、内堀通りから日比谷通りまで約150mを見通すことのできる視線の抜けは、巨大なビルの足元にありがちな圧迫感や威圧感を大いに和らげてくれた。40数年後、この地に建て替えられた大手町パークビル（2017）の広いロビーもやはり東西にガランと抜けて、通り抜けや滞留は自由だがベンチ類が少なく、留まりたくなるような心地良さがないのは残念だ。

　1985年、神田駿河台下に登場した**大正海上本社ビル**（現三井住友海上駿河台ビル）は、二つの足で大地をまたぐような門型のつくりで、くぐった先に見えるのは道路ではなくサンク

ロビー越しに緑が見えるポーラ五反田ビル

赤い彫刻が美しい三井住友海上駿河台ビルのサンクンガーデン

中庭と廊下が透けて見える国連大学本部ビル

TK南青山ビルの高いピロティとガラスの吹き抜け

背後の遠景が見通せるワールド北青山ビルのロビー

ンガーデンだ。本郷通り側から雑木林の庭を経て伸びる広場は高層棟の足元へ向かって緩やかに下り、くぐった先のサンクンガーデンには赤い大型彫刻が印象的な姿を見せる。本郷通りからガーデン奥までの距離は100m以上あり、足元の圧迫感を和らげてくれる。現在は、地下鉄の新たな出入口が加わって少し印象が変わってしまっているが。

　以上のような大らかで開放的なつくりは、大型ビル足元の閉塞感を軽減する上で欠かせないマナーと思えるが、近年はそれを欠いた例が増えている。高容積が許容されるせいで中身が膨らんでいる点を考慮するとしても、1～2階の足元にまでギチギチ過大な用途を詰め込むことは避けるべきだ。明快な分かりやすさや圧迫感軽減のためだけでなく、背後の街を隠さないつくりとしての効果も期待したい。

　高い建物が並ぶ表通りの背後に低い街並みが広がるケースは多い。1964年の東京オリンピックを機に拡幅された青山通りは、表と裏の性格が大きく異なっていて、表のビルを通して背後の街を見通すことのできる格好のロケーションだったが、そのような透けるつくりはなかなか登場しなかった。**国連大学本部ビル**（1992）の時に中庭までが見通せるようになり、奥の渡り廊下を行き来する人影を眺めることができたが、それから約10年後の**TK南青山ビル**（2003）の時に、初めてピロティと吹き抜けロビーを通して背後への見通しが実現した。その後はワールド北青山

ビルや青山OMスクエア、エイベックスビルなど見通しの効くビルが増えている。

　ワールド北青山ビル（2007）は、表通りから奥に置かれた屋外彫刻とその先に広がる都営高層アパートの足元広場まで見通すことができるし、青山OMスクエア（2008）は自動車ショールームの奥に低層レストランとともに空を望むことができる。エイベックスビル（2017）は少し異なっていて、透ける1階エントランスからそのままエスカレーターで2階ロビーまで上がることができ、その先に六本木方向の街並みを遠望することができる。

　1996年、お台場に登場したフジテレビ本社のビルは抜けがテーマのビルだ。ここでは場所柄、空の広がりを遮らない抜けの効果が大きいが、密集した市街地に建てる場合にも、圧迫感を軽減し北側の広場や隣地に光を導く上で有効なつくりと思える。

　足元にサンクンガーデンを持つビルは多いが、それがピロティの下を貫くケースとして興味深いのは中目黒駅に隣接する中目黒ゲートタウン（2002、36頁）だ。門型の高層棟がサンクンガーデンをまたぐ形で建ち、山手通り側から近づく時、ピロティ越しに店舗街の人の動きが伝わってくるのが楽しげだ。

　数寄屋橋の阪急デパート跡に生まれた東急プラザ銀座（2016）は残念な例だ。1階には、表通りから直接入る形で8店舗が並んでおり、長さ100m近いビル中間部の玄関ホールから背後（西側）へ抜けて行くことはできるのだが、閉鎖的なつくりのため、数寄屋橋公

ショールーム越しにレストランが顔を見せる青山OMスクエア

2階ロビーを通して六本木方向を望めるエイベックスビル

空への視線が大きく抜けるフジテレビ本社

中央部が30階分吹き抜けるサンブライトビル

新宿イーストサイドスクエアの南エントランスから北を見通す

V字柱に支えられるベルサール渋谷ガーデンの高いピロティ

園や泰明小学校の庭まで見通すことができない。公園には岡本太郎の彫刻もあり、表通りからホールを通して背後を見通すことができれば、もっと街に溶け込んだ姿になり得ただろうに残念だ。

(2) 空の広がりを見せる

　地下鉄中野坂上駅へつながるサンクンガーデンの脇から建ち上がる**サンブライトビル**(1996) は、太い鉄骨パイプの構造材を露出させたデザインがいくぶん過剰な印象だが、2棟の間の30階分が吹き抜けのアトリウムになっていて、空へ向けて抜ける視線とともに建物越しに見える向こう側の風景がビルの威圧感を和らげてくれる。

　個性的なサンクンガーデンを有する**新宿イーストサイドスクエア**(2012) は、曲面形状の吹き抜けとともに視線の抜けも魅力的だ。特に南側からアプローチする時、1階ロビーのガラスを通して北側の木々の姿と背後の建物群が望め、同時に下方のサンクンガーデンを行き交う人々の動きが見えるのが印象的だ。

　大型ビルをピロティで高く持ち上げることによって、足元の圧迫感や閉塞感を軽減し視野を遠くへ開いてくれる例として、**ベルサール渋谷ガーデン**(2012) のつくりは大胆だ。4階分の高さがV字型の斜め柱で支えられ、玉川通りから広場を隔てて背後の住宅地と空を見通すことができる。

　塔状ビルの足元を細めることで、低層棟の屋上へ陽光を導こうとする二つの例がある。

ともに中規模だが、北青山の AO ビル（2009）と EX シアター六本木（2013）だ。上階が細いビルは多いが、ここでは逆に下階の方が細い。低層棟の屋上テラスへの圧迫感軽減と日照の確保を目指したつくりのようだが、街ゆく人にとっても思いがけない所から空が抜けて見える。見慣れぬ形が作るインパクトも強いが、それとは別にビル影の移動に時間のかかる低層部が細く、影が素早く移動してくれる高層部が太いことは理にかなっている。

空へ向かって広がる北青山のＡＯビル

　日本橋室町で進められてきた三井グループによる一連の建て替えは、三井本館や三越デパートなど旧ビルとの協調を図る形でなされ、軒高 31 m の基壇部とその上に載る高層棟という組み合わせで、日本橋三井タワー（2005）やコレド室町 1、2、3（2010 ／ 2014）が実現した。来街者にとって、一昔前の景観を想い起こさせてくれる構成には共感が持てるが、実際に歩いてみるとどのビルも空を塞いでいて閉塞感が大きい。「隙間や空きがもっとほしい」というのが実感で、高層棟を大きくセットバックさせるとか、視線の抜ける隙間を作るなど、何か方策はないものだろうかという印象だった。だが最近、この閉塞感を解消する形で日本橋室町タワー（2019）が登場した。高層棟の南側が 20 m 余りセットバックし、そこにガラスのシェルターが架かる広場（コレド室町テラス）が設けられて、さらに西側と北側の道路沿いに広い樹木の歩路が伸びる。ビル本体に抜けや欠けがあるわけではないが、これまで息詰まるようだったこの界隈に空が

足元の欠き込まれた EX シアター六本木を首都高越しに見る

中央通りに並び建つ三井本館（中央手前）と日本橋三井タワー（奥）

日本橋室町タワー前のコレド室町テラス

高浜運河に面するリバージュ品川

隅田川から Daiwa リバーゲートビルを望む

開け、ホッとできる隙間が生まれたことは嬉しい。

(3) 水辺空間を見通す

　建物本体に大胆な開口を設けた例として、高浜運河に面するリバージュ品川（1993）と隅田川に面する Daiwa リバーゲートビル（1994）がある。敷地はともに水面と道路に挟まれた狭い場所で、道路から水の側を見通せる作りになっている。リバージュ品川の方は堤防がないために運河とその対岸まで見通せるのに対して、Daiwa リバーゲートビルはスーパー堤防斜面の緑を眺める形だが、ともに足元の鬱陶しさが大きく和らげられている。

　神田川下流の万世橋から浅草橋にいたる1km 余りの地区は、南北両岸の街区の奥行きがそれぞれ 15 〜 20m 程度しかなく、川と道路の間には中小規模の建物が一皮並びに続いている。どの建物も正面を道路側に向けて裏側が川に面しているが、工夫次第では道路から建物を通して川の側を見通すことのできる特別な場所だ。実際、水運の盛んだった昔は、川から揚げた荷物を陸側へ運び出すために出入口が表裏両側にあって、通り抜けのできるつくりだった。現在この一帯には両岸合わせて 200 棟を超える建物があるが、わずかでも見通しが可能なのは 30 棟に満たない（2021 年時点）。そのほとんどは玄関へ抜ける狭い通路だったりピロティ下の駐車場だったりで、川への見通しを積極的に意図したつく

りではない。そんな中で、リョーサン本社ビル（2002）やPMO秋葉原IIビル（2011）のように、ソファーの置かれた玄関ホールを通して川の側を見通すことのできるビルが生まれ始めており、今後は大いに期待できそうだ。

　一つ残念な例に触れておきたい。皇居の牛ヶ淵と内堀通りに挟まれて建っていた旧千代田区役所の庁舎が解体された時、建物に隠れていた北の丸公園側の内壕空間が顔を見せ、道路からじかに斜面の緑を望める機会が生まれた。新たに建つはずの建物は1階ロビーを透明なつくりとすることで美しい壕の斜面を見通せるだろうと期待していた所、残念ながら跡地に建った九段坂病院（2015）は、立ちはだかる壁のようなつくりで、濠の緑はたった1箇所から一瞬見えるだけだ。ロビーまで入ればその恩恵にあずかれるとしても、この場所だからこそ街の側から見通せるつくりがほしかった。

　なお2022年、この病院の北隣りに九段会館テラス（65頁）の高層棟が完成し、足元の内濠（牛ヶ淵）に沿って広い歩行デッキが設けられた。デッキの端から病院側まで歩路が続き、病院の水際も自由に歩くことが可能になった。

神田川に面するリョーサン本社ビルの玄関ロビー

神田川に面するPMO秋葉原IIビルの玄関ロビー

内壕の緑を隠すように建つ九段坂病院

視点 3
ビル足元の通り抜けと滞留

　大型建物の登場によって損なわれるのは「陽当たり」や「風通し」、そして「見通し」や「通り抜け」であり、そのために閉塞感や圧迫感が増大する。それを避けるためのつくり方として、「空き」や「隙間」だけでなく「通り抜け」できることの意味は大きい。適切な通り抜けルートの存在は周辺への利便性をもたらしてくれるし、そこに「立ち寄れる場所」や「留まれる場所」が加われば、街との親和性はより高まることになる。立ち寄れたり留まれる通り抜けにはいくつかパターンがあり、実際例の多い「中庭」「アーケード」「ビル内ロビー」を通り抜ける三つのパターンを眺めてみよう。

代官山ヒルサイドテラスC棟の中庭
広場

中庭が吹き抜けるフロムファースト

(1) 中庭を通り抜ける

　建物に囲まれた中庭の一部が外部に開かれることで通り抜けが可能になり、ビルと街とのつながりが深まる。中低層の例だが、1973年に代官山ヒルサイドテラスのC棟に囲まれたテラス風の中庭が、1975年には南青山の店舗集合ビルフロムファーストの中央部に6階分が吹抜ける小さな中庭が登場した。前者は明るい広場型の庭で、後者は屋外ながらも周囲から立ち上がる壁に囲まれた室内ロビーのような雰囲気だ。ともに誰もが自由に通り抜けたり佇んだりできる場で、このような半公共的なスペースがビルと街をつなぐ上で重要な接点となり得ることを教えてくれた。

　その後、JR田町駅近くに誕生した建築会館（1982）の通り抜け広場の姿は際立っている。南側のバス通りと北側の細い路地をつなぐ広場（約350㎡）は四周を建物に囲まれながら、誰もが自由に通り抜けできる。公開空地ではないが、中型ビルが並ぶ表通りと小店

舗の多い裏通りをつなぐ広場は、まさに街の
懐（ふところ）と言ってもよい存在だ。創建当時のベン
チは脇へ移動しているが、南北二つのゲート
はヨーロッパ中世の市門のように夜間に閉じ
ることも可能だ。

　1984年、地下鉄駅につながる形で新お茶
の水ビルができた時、足元のサンクンガーデ
ンには店舗が並び、気軽に通り抜けたり留ま
ったりできる広場が生まれた。その後、地下
鉄豊洲駅（1992）や東池袋駅（2007）にも通り
抜け可能なサンクンガーデンが設けられて、
地上の街とつながる形が実現している。地下
に隠れがちな店舗が表へ顔を出すことで、街
との好ましい関係が生まれたと言ってよい。

　有楽町の旧都庁舎跡に登場した東京国際フ
ォーラム（1997）の中庭は、最大規模の通り
抜け広場だ。ホール棟とガラス棟に挟まれた
1ha近い広場には40本余りのケヤキの大樹
が植えられて、イベント開催時以外も屋台や
キッチンカーを囲む人たちで賑（にぎ）わう。通り抜
ける人たちと留まる人たちとの混ざり合いは、
まさに都市の居間にふさわしい活気を生んで
いる。

　四周を道路に囲まれた中目黒ゲートタウン
（2002）にはサンクンガーデン（GTプラザ）を
組み込んだ円形広場がある。地上は東西南北
から出入りが自由で、地上階から地下階へ続
く店舗街は階段とスロープで緩やかに結ばれ、
二つのレベルを上下しながら回遊する人や店
に立ち寄る人たちの姿が楽しげな動きを見せ
てくれる。

南から北へ通り抜けられる建築会館
の中庭広場

新お茶の水ビルのサンクンガーデン

ケヤキが立ち並ぶ東京国際フォーラ
ムの中庭広場

中目黒ゲートタウンのピロティ下に
広がるサンクンガーデン

大型彫刻の脇にパラソルが並ぶ虎ノ
門タワーズの中庭広場

キャピタルゲートプレイス月島の中
庭広場

高低差 7 〜 8 m の敷地にまたがる**虎ノ門タ
ワーズ**（2006）ではレジデンス棟（41 階）とオ
フィス棟（25 階）が並び建ち、その間を縫う
形の歩路が階段とエスカレーターを介して伸
びる。歩路を足早に通り抜ける人、広場の大
きな黄色い彫刻を前にちょっと立ち止まる人、
パラソル付きのテーブルで軽食や休息をとる
人など、動きは様々だ。

キャピタルゲートプレイス月島（2015）は、
高層棟（ザ・タワー）と低層棟（ザ・モール）が
ブリッジで結ばれ、表通り（清澄通り）からゲー
トをくぐった所に中庭広場がある。この広
場に面していくつかの店舗が並び、2 〜 3 階
にもクリニックや音楽教室などがあって、ヒュ
ーマンサイズの心地良い一角を構成してい
る。表通りから中庭広場を通して奥のアイマ
ークタワーまで見通せる点も閉塞感を大きく
和らげてくれる。

高密市街地からは少し離れるが、**二子玉川
ライズ**（2010）には長大なプロムナード型広
場がある。駅から伸びる建物間の中庭は東へ
向かってデッキ状広場（リボン・ストリート）
へ変わり、これに沿って低層店舗のほか高層
の商業棟やオフィス・ホテル棟、住居棟など
が続く。広場は次第に開放的なつくりへと転
じ、600 m 余り先の終端部で二子玉川公園へ
つながる。周囲は低い家並みで、日本庭園風
の公園の池のほとりには旧清水邸の書院が建
つ。

(2) アーケードを通り抜ける

ビル内のアーケードに店舗が並ぶケースは多いが、内向きなつくりだと奥に封じ込められて街とのつながりが弱まってしまう。一部を開くことで外気の流れる半屋外アーケードとすれば、開放感と内包感を合わせ持った心地良さが生まれ、街らしさがビル内へ入り込んでくる。

勝どきビュータワーとアクレスティ南千住（旧ブランズタワー）の足元にはそれぞれ小さな通り抜けアーケードがある。勝どきビュータワー（2010）は晴海通りから児童公園側へ抜けるアーケードで、アクレスティ南千住（2010）は駅の西口広場から旧日光街道側へ抜けるアーケード。ともにビル足元の閉塞感軽減に役立っているが、店舗街としての存在感は今一つだ。途中に佇めるふくらみやベンチなどがもっとあれば、魅力は高まりそうだ。

地下鉄京橋駅周辺の姿を大きく変えることになった東京スクエアガーデンと京橋江戸グランは、ともに二つの街路をつなぐアーケード型広場の上に高層棟が載るつくりで、両ビルのアーケードが賑やかな中央通り側から背後に隠れがちだった柳通りまで抜けて行くことを可能にしてくれた。東京スクエアガーデン（2013）の方は、改札口を出たすぐの所にサンクンガーデンがあって、高さ10mを超える大樹が頼もしげな姿を見せる。樹間から見上げるビルと空の光景が印象的だが、店舗が3〜4店しかない1階アーケードは少し寂しげだ。改札口の反対側にもう一つのサンク

二子玉川ライズの長いプロムナード型広場

勝どきビュータワーを貫通するアーケード（晴海通り側）

アクレスティ南千住を貫通するアーケード（旧日光街道側）

中央通りから柳通りまで抜ける東京
スクエアガーデンのアーケード

中央通りから柳通りまで抜ける京橋
江戸グランのアーケード

淡路町ワテラスのエントランスへ上
る階段とエスカレーター

ンガーデンがあり、二つのガーデンを吹き抜けた通路で結ぶことができれば、店舗の多い地階の活気が地上階まで溢れ出てくるにちがいない。一方、京橋江戸グラン（2016）は地階のアーケードから直接空を望むことはできないが、大勢が座れる大階段を経てエスカレーターを上った所に高天井の1階アーケードが伸びる。10近い店舗には屋外席もあって、修復保存された明治屋ビルとつながる形で賑わいが広がる。高く吹き抜けたアーケードはさらに上階へつながり、3階の半屋外テラスには植込みもあって、自由に休める心地良いコーナーとなっている。

　通り抜けのルートが背後との高低差を結ぶ淡路町ワテラス（2013）のつくりはちょっと変わっている。淡路公園と一体をなす正面広場を経てガラスシェルターの架かる本館とアネックスの間の大階段を昇った所がエントランスだ。さらに先へ進むと専用ブリッジを経て北側の御茶ノ水ソラシティ（2013）まで抜けて行ける構成は面白いが、エントランスまわりは少し寂しげだ。奥に隠れてしまった店舗が表側へ顔を出してくれれば、もっと楽しげな通り抜け路となるにちがいない。

　重要文化財に指定された日本橋の高島屋デパートと隣りの高島屋三井ビル（2018）の間の歩行者専用道に、ガラスのシェルターが架かる日本橋ガレリアが生まれた。両棟の間に架け渡された高さ30m余りのシェルターの両端部が開放され、足元には頼もしい並木が続く。各店舗の前に置かれたカフェテラス風

の屋外席が心地良い場所を提供してくれるが、南からの日光が旧ビルで遮られて、寒い季節は少しつらい。また、せっかくの椅子テーブルが飲食店の前だけという歯抜け状態になっているのは寂しい。全店舗の前に設置されれば自由に座れる余地も増えて、もっと魅力的なアーケードとなるにちがいない。

四谷駅前から西へ伸びる新宿通り商店街の背後に登場した**コモレ四谷**（2020）は、三栄通りから北側の「コモレビの広場」へ抜ける2本のビル内アーケードが特徴的だ。高層棟と西棟（クルーゼ）の間をまっすぐ抜ける「ウォーク」の方はガラス天井から光が入るが、いくぶんよそよそしいアーケードで、北棟との間をクランク状に抜ける「パサージュ」の方は少し暗いが、2階の店舗街から見下ろせる吹き抜け型のアーケードになっている。三つの棟が作る角度のズレが通路やロビーにもわずかなゆがみ感をもたらして、どこか自然な街らしさを感じさせる。もう一点、新宿通りからの店舗が続くビル手前側と、アーケードを抜けた先の低層建物も残る背後の街とのギャップが思いがけない対比を見せてくれる。

(3) ビル内ロビーを通り抜ける

オフィスロビーの一角に売店やカフェがあれば、親しみは増し気軽に入って行くこともできる。さらにそれが先まで抜けて行けるつくりならば、ロビーは街の性格を帯び、ビル全体が周囲の街へ溶け込むことを容易にしてくれる。

高島屋デパート（右）と新棟（高島屋三井ビル）

ガラスシェルターの架かる日本橋ガレリアと並木

折れ曲がるコモレ四谷のパサージュ

世田谷ビジネススクエアの吹き抜け
ロビーからくすのき公園方向を望む

新宿パークタワーのアトリウム型ロ
ビー（中央公園側）

住宅街の広場へ抜ける中野坂上ハー
モニースクエアのアーケード

世田谷ビジネススクエア（1993）の高層棟
足元のロビーは、地下の用賀駅から北側の住
宅地へ抜ける際のルート上にある。ロビーの
地下1階から2階の一部までが吹き抜けて、
南側の地上バスターミナルに接している。ま
たロビー内から屋外へ続く浅い水面が低層棟
と木立の間を抜け、道路を隔てた区立くすの
き公園へ向かって伸びてゆく姿には大らかさ
が漂う。

新宿パークタワー（1994）のアトリウム型
ロビーは、甲州街道側と中央公園側の二つの
エントランスを結ぶ形で伸び、ガラス屋根を
通してアトリウムへ注ぎ込むのは、高層棟に
よって直射日光が抑えられた穏やかな光だ。
オフィス棟のエレベーターへ向かう人と地下
店舗街へ向かう人の流れが適度に混ざり合う
光景には、多少の堅苦しさを伴いながらも日
常的な街らしさが感じられる。

地下鉄中野坂上駅の改札口へつながる**中野
坂上ハーモニースクエア**（1997）の高層棟足
元には、対角状に伸びる2階分吹き抜けの小
さなコリドールがあり、明るいガラス屋根の
下に飲食店など10店舗近くが並ぶ。表通り
のエントランスから入り、行く先に広場の緑
を見ながらコリドールを進むと、そのまま東
側の住宅街へ抜けて行くことができる気軽さ
が嬉しい。

飯田橋と江戸川橋の中ほどに位置する**トッ
パン小石川ビル**（2000）は、楕円形の高層棟
と台形のホール棟に囲まれた弧状のアトリウ
ム内をアーケードが貫いている。神田川側の

エントランスから街を歩く感覚で吹き抜けのアーケードを進むと、トッパンホール入口と地階ミュージアムへの階段を脇に見ながら、そのまま住宅街に接する北側の広場まで抜けてゆくことができる。

　足元で何通りもの通り抜けが可能なのは大崎シンクパークプラザ（2007）だ。大崎駅へつながるデッキが建物の2階をぐるりと巡り、周囲5箇所の出入口からエントランスロビーへ入って行ける。ロビーから奥へ伸びる通路には8つの店舗があり、外部デッキに接する位置には3つの店舗がある。1階レベルでは南北に伸びる通路に14店舗が並び、周囲6箇所の出入口から直接出入りできる形なので、街中を気楽に巡るような感覚が可能だ。

　地下鉄東新宿駅から地下道を進み、新宿イーストサイドスクエア（2012）の足元へ達すると、明るいサンクンガーデン広場が開ける。人通りの絶えない地階広場には10数店舗が並び、エスカレーターで1階へ上がるとそのまま高層棟の足元ロビーへ続き、南側の広場まで自由に抜けて行くことができる。1階ロビーにあるのはカフェなど2〜3店だが、いくつかの円形状の吹き抜けを通して地階のサンクガーデンを見下ろすことができて開放的だ。オフィス階へのエレベーターはロビーの両端部に置かれ、自由に行き来できる中央部には閉塞感がない。

　東京ガーデンテラス紀尾井町（2016）の高層棟足元には、下の弁慶橋側エントランスから上のプリンス通り側エントランスまで4層

北側の住宅街へつながるトッパン小石川ビルのアーケード出入口

6方向から入れる大崎シンクパークプラザ1階のエントランス

新宿イーストサイドスクエアの北エントランスへ向かうブリッジ

東京ガーデンテラス紀尾井町のテラス棟に沿う屋外遊歩階段

東京ガーデンテラス紀尾井町の足元を抜けるプロムナード

丸の内マイプラザのガラスシェルター

分にわたって長さ100m近いテラス棟が伸びる。外濠の緑を眺めながらエスカレーターで店舗街を抜けて行ける開放感に加え、これに寄り添って設けられた緩やかな屋外の遊歩階段との間を行き来できることが魅力をいっそう高めてくれる。

日比谷から丸の内を経て大手町へいたる一帯には、通り抜けロビーのあるオフィスビルが多いが、なかでも特徴的なのは明治生命館（重要文化財）と明治安田生命ビル（2004）の隙間に生まれた丸の内マイプラザだ。四周を日比谷通り、丸の内仲通り、馬場先通り、丸の内三番通りに囲まれた街区で、T字路状のロビーから各方向への通り抜けが可能だ。特に明治生命館の石壁に沿うL字型のエリアはガラス屋根から光が射し込むアトリウムで、店舗数が少ないのは残念だが80余年を経た石壁の脇に佇むことのできる印象的な場所だ。

少し特殊な例として、「庭」と「ロビー」の2種の通り抜けを有するのは六本木グランドタワー（2016）だ。低層階の内部レイアウトはかなり分かりにくいつくりだが、内外二つの通り抜けルートがある。一つは、東側の道路から階段を少し昇った位置でレジデンス棟とオフィス棟の間に広がる芝生と樹林の庭園広場へ入り、その先の小庭を経て外階段で西側道路へ下りてゆくルート。もう一つは、同じく東側道路からエスカレーターで2フロア分を下り、ビル内通路を進んだ後、さらにエスカレーターで2フロア分を下りて中央ロビーへ達し、そのままサンクンガーデンを経

て、さらに上りエスカレーターで北側道路へ
抜けて行くルートだ。前者が木立の散策路と
も言える屋外コースだとすれば、後者はビル
の中央部を抜けてゆく迷路じみた屋内コース
ということになる。

(4) 塞がれた足元

　ビルの足元に通り抜けルートがなかったり、
狭すぎたり、分かりにくかったりというケー
スも結構あり、近隣者や通行者にとっては困
った存在だ。そんな例を見てみよう。

六本木グランドタワーの正面エント
ランス

　山手通りを隔てて東京オペラシティと向き
合う NTT 新宿本社ビル（1995）には、美しく
デザインされた半中庭型の広場があるが、外
周に沿って高く頑丈なフェンスが巡らされて
いて仰々しい。昼間は 3 箇所のゲートが開か
れるが、檻に閉じ込められた印象で落ち着か
ない。広場に面するゆったりしたロビーがあ
るのに中まで入れない点も近隣に対して少し
不親切だ。建物の性格上、足元を全面開放す
ることは難しいとしても、セキュリティゾー
ンの上手な設定によって、せっかくの広場ま
わりをもっと気楽なつくりにできれば、街と
の好ましい関係が生まれるにちがいない。

同上建物のガーデン側エントランス

　金町駅の南側にそびえるヴィナシス金町ブ
ライトコート（2009）の足元には、敷地を一
杯に塞ぐ形でマッシブな中層ビルが建つ。
300 m を超える外周長さに対しては、ぜひ南
北方向の貫通路がほしいところだが、あるの
は途中に折れ曲がりのある窮屈なトンネル状
通路だけで、一人で歩くにはためらいを感じ

NTT 本社ビルの広場を囲むフェンス

ヴィナシス金町ブライトコートの狭い通路

路地を塞ぐ形で建つクラッシィタワー東中野の高層棟

連続する平河レジデンス（左）と JA 共済ビルの長いファサード

るつくりだ。1階スーパーマーケット売場のレイアウトの工夫等により通路を広げることは十分可能と思える。近隣への配慮という点で、隣りのプラウドタワー金町の明るく広い通路の方はずっと勝っている。

東中野駅の北側に建つ**クラッシィタワー東中野**（2015）の足元は、周囲に対してかなり過酷なつくりだ。東側一帯の住宅地にはもともと袋路が多く、環七通りまで抜けることが難しかった。ここでの建て替えにはその解消を図るための配慮がぜひほしかったが、スーパーマーケットのほか上層階マンションのエントランスや駐車場への昇り口などが前面側を塞いでいて、背後の街を封じ込めたまま建て替えられてしまったことが残念だ。

平河町の連続する南北二つのビル、**JA 共済ビル**（2011）と**平河レジデンス**（同）の東側には雑木林風の広場もあって、さりげなく心地良いつくりだ。だが、南北長さが200 m近いこの敷地の通り抜けルートは外部者にはたいへん分かりにくい。東西でレベルが一層分異なる上、それぞれが専用玄関の体裁になっているからだ。入りにくさを前提とするつくりかとも思えるが、もっと親切な通り抜け路があれば閉塞感は和らぎ、東側の広場の価値はずっと高まるにちがいない。

東京スカイツリーの足元に建つ**東京ソラマチ**（2012）は東西長さが400 m近い巨大店舗ビルだが、街と接する1階レベルはかなりバラバラな構成だ。東寄りの屋内通路に面する店舗街（約30店）は良いとしても、中央部の

店舗街（約10店）はそれと切り離された形で外から直接アプローチする形だし、西寄りの店舗街（約15店）は駐車場と駐輪場への進入路によって分断されている。2階レベルでは東から西まで一筋にたどることができるが、密度高い売場が連続していてプロムナード感に欠ける。ビル全体の中に、スカイツリーへ上るための団体フロアや大型バスの駐車場、タクシーターミナルなど多くの用途を抱き込む必要があり、さらに地下の一部に電車の線路が入り込むなど条件が複雑ではあるが、こんなケースこそ、明確で骨太なプロムナードが欠かせない典型例だ。

東京ソラマチの南側エントランス

　以上の例とは少し異なるが、松坂屋の建て替えによって二つの街区にまたがることになった銀座シックス（2017）は、ビルの足元を道路が貫通するつくりだ。道路を抱き込む形の建て替えには価値があるが、歩路部分にもう少し開放感を演出できなかったのだろうか。所々に設けられたショーウィンドウやガラス窓から店内の雰囲気を感じることはできるが、内部の様子がもっと大々的に伝わる仕掛けがあれば良かったのにと惜しまれる。

銀座シックスを貫通する歩道と車道

視点 4
マンション・住宅団地への接近性

　集合住宅やマンションなどの居住系施設は、他者の進入を受け入れにくい私的エリアではあるが、規模が大きくなれば近隣への圧迫感や違和感を和らげるために接近性が欠かせない。「接近性」とは、文字どおりの「近づきやすさ」に加えて「中の様子を感じとれること」も含んで考えたい。

　オートロック方式の共用玄関が増えていることは、大型マンションばかりではなく防犯面の自然な流れだとしても、施設規模が大きい場合の施錠ゲートをどこに置くかには慎重な配慮が必要だ。施錠されるエリアが狭ければ居住者側の窮屈感が増すだろうが、広すぎれば外部からの接近性が低下し、施設への親近感が失われやすいからだ。敷地規模が小さい場合にはゲートを敷地境界ギリギリの位置に置くことがやむを得ないとしても、大規模な場合はゲートをなるべく奥に設置することで街の側の領域が広がり、外部からの接近性が増して親近感は高まる。

　こんな接近性に注目しながら実例を眺めてみると、その度合いにはかなりの幅があるが、必ずしも価格やグレードの高低と相関しているわけではない。ハイグレードなつくりでも接近性の高い例は多いし、廉価なケースにも他者を寄せ付けない排他的なつくりがある。

(1) タワー型のケース

西戸山タワーホウムズ足元の野外小劇場

　接近性に優れた例として西戸山タワーホウムズ（1988）がある。国有地払い下げによる民活方式の先進例として高田馬場駅に近い公務員宿舎跡に計画され、監修には建築家の磯崎新が加わっている。超高層マンションとして先駆けの時期だったが、ちょうどバブル経済の絶頂期と重なったこともあり、分譲価格の高さが大きな話題になったが、3棟の高層タワーの足元には親しみやすい三つの広場と野外小劇場がある。列柱と繋ぎ梁で構成されルネッサンスプラザと名付けられた小広場では、自治会によるイベントも催されるようだ

が、普段は居住者以外も自由に通り抜けたり佇んだりすることができ、街との優れた接点となっている。

大川端リバーシティ（1990）の7本の高層棟は高さと形が似ており、遠目からは一体的な印象を受けるが、近づいて見ると足元のつくりはかなり異なっている。東ブロックに建つ都営、住宅供給公社、URによる各棟の足元を自由に行き来できる点は、これらの事業者による従来のケースと同様のつくりだが、民間事業者による北ブロックや西ブロックの棟も接近性に優れ、特に西ブロックでは、足元に広がる草木の庭を自由に散策することができる。石川島資料館の入る低層棟（ピアウェストスクエア）には、自由に座ることのできるロビーもあって、接近性はきわめて高い。

地下鉄中野坂上駅から地下通路を経てガラスの円形階段を上がった広場には、アクロスシティ中野坂上（1999）の高層棟が建ち上がる。芝生の植えられた足元の段状広場にはベンチが置かれて、街路レベルまで緩やかに昇ってゆく。コンビニほかいくつかの小店舗とクリニック、専門学校などが入る2階建の低層棟は、高層棟とは異なる軽やかなつくりで、ヒューマンな優しさが漂う。

六本木ヒルズ（2003）足元の映画館や店舗街はよく知られた存在だが、ちょっと奥まって南側に建つ四つのレジデンス棟は、接近性の点で優れたつくりだ。中央の森タワーからは、けやき坂通りの歩行者デッキを渡ってゆく形で、植栽とパーゴラの小広場を過ぎると

大川端リバーシティ東ブロックの高層棟と中庭

大川端リバーシティ西ブロックの中庭

アクロスシティ中野坂上の段状広場と低層棟

六本木ヒルズレジデンス棟足元の小
広場

東雲キャナルコート CODAN の S 字
アベニューを挟んで建つ中層棟

仙石山森タワー足元の低層棟（仙石
山テラス）

樹木に囲まれた歩路が各棟の足元を巡る。店舗のある公開エリアと居住者の専用エリアとが、付かず離れずの関係で絡み合っている自然さが好ましい。中央ゾーンから道路を隔ててレジデンス棟が置かれている点では恵比寿ガーデンプレイスも似た構成だが、恵比寿の方は一般者が住居棟の足元近くまで入って行くことはできない。

　周囲を高層棟群に囲まれた東雲キャナルコート（2005）の中央部は CODAN と名付けられた中層棟のエリアで、店舗やクリニック、子供教室などが並ぶ緩やかな S 字状のアヴェニューが南北に通り抜けている。1〜6街区の建物形状や低・中・高の組み合わせ方はそれぞれ異なっているが、足元の1〜2階まわりはすべて開放されていて接近性に優れている。

　東新宿駅に近いコンフォリア新宿ウェストサイドタワー（2011）は、専用ラウンジやゲストルームのある賃貸型高級マンションだが、接近性は極めて高い。北側の道路に沿う玄関前室は絵画や写真が何点か飾れるだけのわずかなスペースだが、誰でも自由に入ることができ、隣りのピロティに交番が組み込まれている点も珍しい作りだ。南側のちょっとした築山には小径が巡り、ささやかな水面を眺めながら一巡できる。

　六本木の仙石山森タワーの足元に寄り添う仙石山テラス（2012）は、庭園状の傾斜面に囲まれて建ち、シロダモやタブの大樹の中を歩路が巡る。東側の並木道に沿う低層棟1階

には屋外席のある店舗が並び、ここを抜けて自由に散策できる公園的な雰囲気が心地良い。

大崎ガーデンタワー（オフィス）に並び建つレジデンス棟（2018）は、南側道路から足元の広い階段でピロティ下を抜け、そのまま10m近い高低差を下ってタワー棟足元の広場まで下りて行ける。近隣者も自由に上り下りしながら散策できる気楽さには親しみを覚える。

大崎ガーデンのレジデンス棟を貫く階段

(2) 分棟型のケース

都心よりも少し外周部に見られる大規模な集合住宅として、3〜4階から十数階程度の分棟型マンションがある。多くの場合、高さの威圧感よりも敷地の広さが周辺へおよぼす影響が大きい。作り方によっては近隣からの通り抜けや見通しを広範囲にわたって塞いでしまうからだ。居住者にとって、他者から邪魔されない領域をまとまった形で使いたい気持は分かるとしても、占用エリアが大きくなれば、周囲からの接近性は下がり、街との親和性が薄らいでしまう。

広尾ガーデンヒルズを巡る石垣の道

このような分棟型マンションは、周辺区（目黒、世田谷、杉並、中野、練馬、板橋、荒川、江戸川など）や周辺市（武蔵野、三鷹、西東京など）に多く、特に大型施設跡地での建て替えの場合には規模も大きい。近年は、大学の移転跡地や企業の厚生施設跡地の建て替え以外に、旧住宅公団や都営、住宅供給公社の団地建て替えも増えている。

都心には珍しいが、大規模な分棟型マンシ

広尾ガーデンヒルズの中層棟

アクロシティの低層棟（手前）とデッキ上の中層棟（奥）

アクロシティのデッキ上広場と高層棟

パークシティ浜田山の住棟間を抜ける歩路

ョンとして日赤病院跡に建つ**広尾ガーデンヒルズ**（1986）がある。敷地の高低にならって石積み擁壁の道が配され、住棟は鬱蒼とした樹木に囲まれて建つ。誰もが散策できる広い歩道を備えた道路が、6〜14階建の住棟の足元近くを巡り、店舗の並ぶ中央広場と相まってゆとり感が溢れる森の散策路といった雰囲気だ。

　南千住駅近くで隅田川に接する**アクロシティ**（1992）は、32階建の高層棟を囲んで14階建や4階建の7棟が混ざる660戸の団地だ。敷地を覆うデッキ（人工地盤）の下に駐車場と体育施設が納められ、周囲の道路に沿う樹林の足元には浅い水路が流れる。デッキ上には生垣に囲まれた中高層棟のエントランスがあり、低層棟（4階建）へは外周道路から直接入る形になっていて、素朴で親しみやすい雰囲気だ。近隣者も外周道路から数箇所の階段でデッキへ上がれば、広場や歩路を散策したり、別の階段から抜けて行くこともできる。同じ事業者が関わる世田谷区の事例（後述）の閉鎖性に比べると優れた接近性だ。

　三井グループ上高井戸グラウンドの跡地に建つ**パークシティ浜田山**（2009）は、500戸余りの団地で、集合住宅（6階建／4階建）と戸建て住宅で構成されている。各棟間の緑豊かな庭に沿う広い通路は通行自由で、2棟ずつの棟がコの字型に組み合わされた中庭は少し奥まったプライベートスペースだが視覚的には連続している。そのほかに、敷地西側に保存された1.7haの森は杉並区三井の森公

園として公開され、鬱蒼とした大樹が古くからの貴重な風景をとどめている。

　北区のパークキューブ西ヶ原ステージ（2009）は、358戸の中高層マンション（6〜16階建）で、一つながりの棟が中庭を環状に囲む形だ。南側の「西ヶ原みんなの公園」から伸びる園路がそのままマンションの間を貫いて中庭を抜け、さらに北棟のピロティ下を経て外側の道路へ抜けてゆく。文字どおり、街につながるつくりと言ってよい。

　日本住宅公団（現UR都市機構）によって1958年から65年にかけて建てられた三つの団地（桜上水団地、阿佐ヶ谷団地、荻窪団地）が、民間事業者によって相次いで建て替えられた。建て替え前の姿は、いずれも各住棟の間を近隣者たちが自由に通り抜けたり、子供たちが遊んだり、高齢者たちの集いの場だったり、といったオープンなつくりだったが、建て替え後の姿は三者三様だ。

　桜上水団地の跡に建てられた桜上水ガーデンズ（2015）は、878戸、6〜14階建の分棟型マンションだが、接近性の点ではもっとも過酷なつくりだ。敷地内にはもともと児童公園もあり、住棟間を自由に行き来できるつくりだったが、建て替え後は周囲の樹林帯に沿ってフェンスが巡らされ、自由に出入りできるのは北側のメインゲートだけだ。他の何箇所かのゲートを通過できるのは居住者か来訪者に限られ、南北に走るメインプロムナードでさえ南側のゲートが閉じられていて、通り抜けて行けない。敷地の外周長さは900m近

北側道路からパークキューブ西ヶ原ステージの中庭を望む

「西ヶ原みんなの公園」からの歩路が住棟間を抜けて北側道路へつながる

桜上水ガーデンズのメインプロムナードとケヤキの大樹

プラウドシティ阿佐ヶ谷を抜ける歩路

ガラス越しに見るシティテラス荻窪の中庭

シャレール荻窪を抜ける歩路

くもあり、全体の占有面積はたいへん大きい。せめてメインプロムナードだけでも通り抜け可能とするつくりが、近隣へのマナーと思える。

　阿佐ヶ谷団地（通称阿佐ヶ谷住宅）と荻窪団地は、善福寺川が緑地をともなって大きく蛇行するエリアの北側に位置する団地だった。阿佐ヶ谷の方はテラスハウスを含む2〜4階建てののどかなつくりで、荻窪の方は少し密度の高い5階建てだったが、建て替え後は**プラウドシティ阿佐ヶ谷**（2016）が4〜6階建、**シティテラス荻窪**（2017）が4階建、と逆転している。

　ここで注目したいのは、階数ではなく街と関わる姿だ。建て替え前はともに典型的な団地スタイルで、棟の間を自由に通り抜けたり留まったりでき、子供たちの遊び場や近隣者の散歩道としても愛用されていた。だが、建て替え後のプラウドシティ阿佐ヶ谷では従来の性格がそのまま引き継がれたのに対して、シティテラス荻窪の方は「外から見えても中へは入れない形式」へ変更された。シティテラスの共同庭は道路からガラス越しに見通せて、閉塞感は少なく見た目にも美しいが、住棟間を散策したりベンチに座ることのできるプラウドシティに比べると、かなりよそよそしいつくりだ。居住者たちもセキュリティ面は安心できても、時には自分たちまで封じ込められてしまったと感じる場面も出てきそうだ。

　ちなみに、このシティテラス荻窪は旧荻窪

団地の東半分の建て替えで、残る西半分は
UR によりシャレール荻窪（2011）として建て
替えられた。こちらは従来通りのオープンな
つくりがそのまま引き継がれて、安心できる
姿だ。

　最後に、かなり閉鎖的で巨大な2例に触れ
たい。一つは、青山学院世田谷キャンパスの
跡地に建つ東京テラス（2004）で、6〜19階建、
1000戸余の分棟型マンションだが、外周約
900mの敷地内にはかなり広い緑地があるに
もかかわらず、ゲートは「自由にお入り下さ
い」というつくりになっていない。数棟に囲
まれた中央の庭を居住者専用とするのは良い
としても、外周部の庭はもっと自由に通りや
すいつくりであってほしい。

　もう一つは、同じ世田谷区内の都立大跡地
に建つ深沢ハウス（2006）だ。3〜14階建、
770戸余りの分棟型マンションで、敷地外周
はこれも900mを超える長さがある。ぜひ通
り抜けのほしい規模だが自由に通り抜けられ
る歩路はなく、建物が境界ギリギリまで迫っ
ている部分もある。「関係者以外は通り抜け
不可」といったつくりのゲートを何食わぬ顔
で抜けて行く人もいるが、正規に開放されて
いるのはわずかに敷地東端に沿う帯状エリア
だけだ。

東京テラスの正門ゲート

深沢ハウスの正門ゲート

視点 5
地形との関わり

　大型ビルの建設とともに地形の特徴が失われてしまうケースは多いが、もともとの崖や斜面の特徴を敷地の一角に取り込んだり、その存在を際立たせるような建て方には大きな価値がある。

　建物の隙間(すきま)やガラスの開口部を通して斜面や緑を見せる手法は比較的実現が容易だろうし、実際例は少ないが、元の地形の起伏をそのまま建物内に取り込んだり、床の高低に置き換えるような手法はより印象的と思える。ここでは、斜面や高低差などの地形的特徴をそれぞれどんな形で取り込んでいるかを眺めてみよう。

東京デザインセンターのガレリアを通して背後の崖を見上げる

複数の庭が上下につながるアークヒルズの段状ガーデン

（1）地形を取り込む

　中規模ビルだが、JR 五反田駅前に建つ**東京デザインセンター**（1992）のつくりは特徴的だ。背後に高低差 20 m 近い池田山住宅地の高台を抱えるが、多くのビルはこの斜面を隠す形で建っている。その中で、棟を二つ並べた形のビル中間部にガレリアという名の隙間をとり、裏庭の崖を見上げながら登ってゆく階段が設けられている。階段を上った先には斜面に沿って伸びる緩やかな歩路が続き、さらに上まで散策することができる。

　前面道路から背後の住宅地まで 20 m 余りの高低差がある赤坂の**アークヒルズ**（1986）では、高層棟足元の店舗街と上へ続く広場、サントリーホールと関連オフィス、住居棟の庭園が段状に組み合わされている。店舗街の 2、3 階からは屋外広場へ直接出ることができ、2 階広場にエントランスが顔を出すサントリーホールは斜面の中にスッポリ埋め込まれた形だ。さらに 3 階レベルの広場からは上

へ向かって樹木の茂る庭を段状に組み合わせ
たアークガーデンが続き、そのまま背後の住
宅地まで抜けて行くことができる。アークガ
ーデン全体は、サントリーホールの客席上部
を覆うフォーシーズンズガーデンとルーフガ
ーデン、二つのレジデンス棟に挟まれたバッ
クガーデン、南側道路に面するメインガーデ
ンなど、レベルの異なる四つの庭から構成さ
れている。植栽まわりや広場のデザインは現
代的な手法だが、レベルの異なる複数の庭を
巡ることで、昔の地形が有していた低地と台
地の高低差を体感することができる。所々に
斜面を組み込んでやれば、より継承性の高い
場を作ることもできそうだ。

泉ガーデンタワー（2002）の足元から立ち
上がる斜面は圧巻だ。街路レベルよりも約
10m低い位置の六本木1丁目駅改札口から
階段とエスカレーターが上り、所々に店舗が
顔を見せるいくつかの小広場をつなぎながら、
台地上まで約25mの高低差を結んでいる。
前面道路レベルから頂部までの高低差約
15mは昔ながらの崖面の高さを引き継ぐも
ので、昇り切った広場には樹々と草花が広が
り、泉屋博古館分館の向かい側に旧住友会館
跡の林が続く。

JR田町駅に近い三田ツインビル西館（2006）
の背後には、上の台地へつながる緑豊かな斜
面が広がっている。斜面は高層棟にとって絶
好の背景を作っているが、国道沿いの広場か
ら奥の森まで続く公開（有効）空地として、
自由に散策し憩うことのできる公園のような

アークヒルズの2階広場へ下りる階
段

六本木1丁目駅から台地へ向かって上
る泉ガーデンタワー足元の段状広場

三田ツインビル西館の背後に広がる
緑の斜面

三田ツインビル西館の庭（住宅地へ
上がるエレベータータワーが見える）

弁慶濠に沿って上る東京ガーデンテラ
ス紀尾井町の店舗棟（紀尾井テラス）

NBF 大崎ビルの足元を覆う緑の斜面

雰囲気だ。森の縁からはシースルー型エレベーターが昇り、台地上の住宅街（済海寺の墓地脇）との間を自由に上り下りできるつくりはたいへん興味深い。

アークヒルズのメインエリアから、霊南坂へ向かう尾根道を隔てて 300 ～ 400 m 離れた位置に建つアークヒルズ仙石山森タワー（2012）の外周部は高低差約 10 m の道で囲まれる。スダジイの大木が多く残る正面広場からタブの木に包まれた北側の坂道を下ると、東側には店舗のある低層棟が顔を出す。その先、仙石山テラスとの接続部をくぐり抜ける形の広い階段とエスカレーターを上がると、左手に「コゲラの庭」を見ながら再び正面広場へ戻ることができる。

赤坂プリンスホテルの建て替えによって生まれた東京ガーデンテラス紀尾井町（2016）の足元には、弁慶濠を見下ろす形で 4 層の店舗棟（紀尾井テラス）が伸びる。敷地下段の「花の広場」から上段の「空の広場」へいたる四つのフロアが、屋内エスカレーターとそれに並行する屋外の遊歩階段で結ばれて、外壕斜面の緑を間近に眺めながら上り下りが楽しめる。

JR 大崎駅西口には、大崎シンクパークタワー（2007）と NBF 大崎ビル（旧ソニーシティ、2011）が並び建ち、足元が緑の斜面で包まれる。それぞれのビル下階を覆う形で人工的に盛られた斜面だが、周辺道路のもともとの高低差に沿って整えられ、樹木の間を巡る散策路はミニハイキングも楽しめそうなつくりだ。

戸山公園の西側に建つ新宿ガーデンタワー（2016）の北端部には大型イベントホールがスッポリ埋め込まれ、斜面を下りた位置にエントランスが顔を覗かせる。会議場の上部は草と樹木に覆われた楕円状の丘で、緩やかな散策路が外周を巡るのどかな風景だ。

赤坂インターシティ Air（2017）の足元には敷地南北の高低差をつなぐ形で雑木林の庭園が広がる。1階の8店舗はすべて外側から入るつくりだが、特にレストランやカフェの一部は半ば地中に埋め込まれ、林の中に建つ独立店といった風情だ。その間を散策の小径が上り下りし、高層棟の足元に掘り込まれたサンクンガーデンを通して地階の店舗街へ外光が注ぎ込む。

(2) 微地形との関わり

恵比寿ガーデンプレイス（1994）の南端に設けられた三田丘の上公園はその名に反して斜面の下に位置し、ガーデンプレイスの中心部から切り離された存在だが、低地側に広がる近隣住宅地にとってはむしろ親しみやすい位置と思える。草木に覆われた公園の坂道を上ると、台地上の恵比寿ビュータワーの足元へ達することができる。

同潤会アパートの跡地に生まれた代官山アドレス（2000）は、敷地両端で5〜6mの高低差がある。西側の八幡通りからプロムナードを経て中央広場を過ぎると、斜面の下に代官山公園が続き、東急代官山駅へ向かうブリッジはそのまま水平に伸びる。樹間の階段を

新宿ガーデンタワーのイベントホールを覆う樹々と芝生

赤坂インターシティ Air の足元に広がる雑木林と池

代官山アドレスの中庭広場。この先の斜面下に代官山公園が続く

坂を背にしたプルデンシャルタワー
足元の小広場

2棟の間を本郷台地へ向かって上が
る淡路町ワテラスのエントランス

御茶ノ水ソラシティ南側の重層する
擁壁と植栽

下りると小公園に集う親子連れや子供たちの姿が楽しげだ。

地下鉄赤坂見附駅に近い**プルデンシャルタワー**（2002）の外濠通りに面する正面側は素っ気ないほどシンプルな石系の広場だが、裏手へ回るとメキシコ大使館の脇から下りてくる坂との高低差が擁壁を介して敷地内広場とつながっている。規模は小さいが、ちょっとした雑木林がポケットパーク風の広場に影を落とし、ささやかな心地良さが漂う。

淡路町ワテラス（2013）は千代田区の旧淡路公園を含む再開発で、南側の広場から背後の御茶ノ水ソラシティとの接続ブリッジへ向かってエントランスが上る。平坦部に芝生の植えられた新たな公園は公開空地の広場とつながる形で公園面積が拡大され解放的なつくりになったが、ジグザグ型の歩路が上る斜面には、もっと多くの樹木を残すことで旧淡路公園の起伏とこんもりした森の雰囲気を引き継いでほしかった。

その背後に建つ**御茶ノ水ソラシティ**（2013）は北側の御茶ノ水駅に正面広場を向ける形で建ち、南側は本郷台地の縁の斜面に接している。高い擁壁を立てれば威圧感が生まれてしまうが、そのまま植栽を施すには勾配が急すぎる。複数の小さな擁壁を重ねることで美しい植栽が可能となり、威圧感も和らいでいる。

ホテルオークラの建て替えによって生まれた**ザ・オークラ東京**（2019）の足元には高低差10mを超える斜面地に整えられた港区の江戸見坂公園があり、かつて江戸の街並みを

広く見渡すことのできた場所としての記憶が
宿る。急斜面に植えられた高木類の間に歩路
と石段が配され、ビル足元の半屋外エスカレ
ーターから眺める姿はなかなか大胆な印象だ。
公園から北側へ続く公開空地の方は緩やかな
斜面だが、ここも樹木と植込みの間を歩路が
巡る。

　最後に嘆かわしい例に触れたい。外濠の水
面とその縁から立ち上がる緑の斜面は都心に
とっての貴重な景観だが、飯田橋駅北側の外
濠が埋め立てられてしまったケースはあまり
にも無惨で悲しい。埋め立てられた約50m
×250mの敷地には、**飯田橋セントラルプラ
ザビル**（1983）と駅前広場が築かれ、1〜2
階の店舗棟（ラムラ）の上に、オフィス棟と
住居棟が載っているが、あの日本橋川を覆う
首都高速道路の撤去と同様、ここも将来は撤
去を論じたい対象だ。

　もっとも、外濠埋め立ての歴史を遡れば、
関東大震災後の瓦礫による埋め立て（現土木
会館の敷地）や、第2次大戦後の瓦礫による埋
め立て（現上智大学グラウンドの敷地）もあって、
これらにも撤去の手を加えることで水面の復
活が実現すれば、外濠景観の魅力が大きく増
すことは間違いない。

ザ・オークラ東京の一角に組み込ま
れた江戸見坂公園の緑

外濠を埋め立てて建てられた飯田橋
セントラルプラザビル

視点6
新旧対比の構図

　東京には高さ100mを超える高層ビルが400棟以上もありながら、歴史要素と何らか関わる形で建てられたケースがあまりにも少ないのは驚きだ。新たなビルの多くが似たり寄ったりで、退屈さをともなうのは、現代という同時代人の知恵と技術だけですべてを作り切ろうとする点に無理があるにちがいない。先人たちの知恵や慣習が織り込まれた痕跡や遺構など、長い年月を経た歴史要素を引き継ぐことにもっと神経を払うべきだ。

　歴史要素を何らかの形で継承する具体例を、(1) 旧態（風景／街区割／建物タイプ）を継承する、(2) 旧建物の保存と組み合わせる、(3) 旧建物の復元（再建）と組み合わせる、(4) 用途を継承する、の4点から眺めてみよう。

　大規模ビルではないが、**代官山ヒルサイドテラス**のC、D、E棟 (1973〜77) に囲まれた広場の中央に、保存された猿楽塚の小さな丘がある。塚は6〜7世紀由来の円形古墳に修景の手を加えたもので、高さはわずか5m、直径約20mだが、ケヤキの大樹とそれを囲む中小木で覆われて、小さいながらも広場全体の中で不思議な存在感を発している。小さな鳥居をくぐって石段を上ると、頂部には大正期の地主によって築かれた猿楽神社の祠が建つ（現在は渋谷区指定文化財）。ビルの建設に際して歴史的な痕跡が消し去られてしまう例が多い中で、新旧の共存が生み出す力を教えてくれる好例だ。

(1) 旧態（風景／街区割／建物タイプ）を継承する

　地形や樹木が作る風景の一端が保存された例として、港区愛宕の青松寺境内の開発がある。**愛宕グリーンヒルズ** (2001) の2本のタ

代官山ヒルサイドテラスの広場に残る塚とケヤキ

ワー（住居棟／オフィス棟）は森に囲まれた寺院建物を両側から挟む形で建てられ、愛宕山から本堂の背後へ続く尾根の樹々が昔ながらの境内景観と高層棟とのギャップ軽減に一役買っている。

江戸期の町人地で典型的だった小区画の格子状道路は今も商業地や低地に多く残るが、大規模開発の際には街区の統合によってその特徴が失われやすい。路地や細街路が姿を消すのはやむを得ないとしても、街区のサイズやパターンの特徴、通り抜けの道や視線の抜けなどを、新たな建物や広場の中に反映させることができれば、その価値は大きい。

既存街区の中に大型建物が比較的違和感なくはめ込まれた例として、**キャピタルゲートプレイス月島**（2013〜2015）がある。明治期に埋め立てられた月島地区には60間×60間の街区ユニットが大きな通りに囲まれて規則正しく並んでいる。各ユニットは細い通りで南北に二分され、さらにそれぞれの半街区の中を数本の路地が南北に走る。これらの路地に沿って並ぶのがお馴染みの長屋だが、そんな半街区（60間×30間）の中でなされたのがこの開発だ。高層棟と中層棟が通り抜け可能な中庭を囲んで建ち、両棟をつなぐブリッジ状の4層（3〜6階）が清澄通りに面する位置にゲートを形作っている。

付近にはまだ古くからの長屋形式もわずかに残り、そこに数棟の高層ビル（月島アイマークタワー、ムーンアイランドタワーなど）が建つが、キャピタルゲートプレイス以外には中庭や通

青松寺本堂の森を囲む愛宕グリーンヒルズの住居棟（中央）とオフィス棟（右）

既存街区との協調性が高いキャピタルゲートプレイス月島の中層棟と高層棟

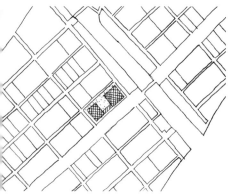

キャピタルゲートプレイス月島と周辺街区

路地の前方に立ちはだかる東京パークタワー

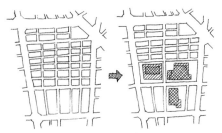

神田神保町の旧街区（左）と三つの高層ビル（東京パークタワー、神保町三井ビル、住友商事テラススクエア）が建つ現在の街区（右）

り抜けがなく、既存街区との関係も曖昧だ。

　旧街区の特徴が消し去られてしまった残念な例として、神田神保町１丁目に並び建つ**東京パークタワー**と**神保町三井ビル**（ともに2003）がある。この界隈でも特に小さな街区が整然と並ぶ特徴的な地区だったが、30の小街区の内の15街区を二つの大型街区にまとめる形で建てられた結果、細い道が抜けていた先に壁が立ち塞がる姿となってしまった。新しく緑の広場が加わったとはいえ、細い格子状道路の特徴と視線の抜けがすっかり失われてしまったのは残念だ。両ビルの内部にはそれぞれ広いロビーや通路もあるが周辺との脈絡はなく、レイアウトの工夫次第では、周囲に残る細街路からの見通しをそのままビル内へ引き込む作り方もあったのにと惜しまれる。約10年後に南側の２街区をまたぐ形で建てられた**住友商事テラススクエア**（2015）にもやはり旧街区の特徴は反映されていない。

　新たなビルを計画する際には、動線や機能面を重視するだけでなく、周囲の街区や地形の特徴を読み込みながらそれを反映させることにもっと大きな価値を見出したい。

　新宿御苑の北方に位置する**富久クロスコンフォートタワー**（2015）は、従前からの居住者の要望を取り入れて、ビル足元の住居が戸建て風に建てられた珍しい例だ。ペントテラスと名付けられたデッキ上に並ぶ十数棟の住宅は伝統的なつくりというわけではないが、通常の住宅地に見られる勾配屋根付きの２階建住宅だ。「今までどおり普通の家に住みた

い」という住人たちの願望が実現した点は興味深いし、デッキ上に並ぶ家並みはたしかに普通の住宅街といった風情だ。ただ残念なのは、デッキへ上る階段が居住者や関係者しか上がって行けないつくりのため、周囲の街から切り離されてしまっている点だ。もしこれが地上レベルにあればたいへん魅力的だったし、デッキ上だとしても、緩やかな階段で自由に上って行けるつくりならば、もっと街との自然なつながりが生まれたにちがいない。

富久クロスコンフォートタワーのペントテラス上に並ぶ住宅群

(2) 旧建物の保存と組み合わせる

　地下鉄虎ノ門駅に近い金刀比羅宮の境内地では、旧来の本殿と拝殿を残しながら社務所などをビルの足元に組み込む形で虎ノ門琴平タワー（2004）が建てられた。東西二つの通りをつなぐ短い参道が高層棟のピロティ下（高さ10 m余り）を通り抜け、そこに新たな手水舎と能舞台が並び建つ。新旧の要素が組み合わさるこのユニークな姿は、都心部における神社の新しいあり方を示唆してくれる好例だ。

　ホテルオークラの建て替えによって生まれたザ・オークラ東京（2019）は、ロビーのインテリアに従来の意匠が継承されたことで話題を呼んだが、大倉集古館（1928、伊東忠太設計）との新たな関係づくりも注目に値する。大倉喜八郎の収集美術品を収めたミュージアムだが、これまでホテルとは今一つ存在感の薄い関係だった。今回の建て替えによって、エントランスホールから池を隔てた正面に見える

金刀比羅宮の境内を組み込んで建てられた虎ノ門琴平タワーの足元

ホテルオークラのロビーにとって存在感の高まった大倉集古館

旧棟のファサードを残した東京銀行協会ビル（2016年に解体、建て替え）

旧第一生命館と組み合わされたDNタワー

旧工業倶楽部会館を抱き込んだ三菱UFJ信託銀行本店

設定がなされ、集古館の存在感が高まるとともにロビー側の価値も増している。

次に少し特別な例だが、新たな高層棟の建設にあたって、誕生後60〜80年を経た名高いビル（全体または一部）を組み込み、有楽町から丸の内まで約1kmのエリア内に登場した五つの例を見てみよう。

東京銀行協会ビル（1993）は、1916年に誕生した旧東京銀行集会所（横河民輔設計）に旧銀行会館と三菱地所所有部分を加えた敷地で、銀行集会所（倶楽部）の壁面周りを高層棟の足元に組み込む形でなされた。ほぼファサードのみの保存には物足りなさもあったが、その後の流れを作るきっかけとなった（2016年に解体、現在は建て替えられている）。

日比谷交差点に近い**DNタワー**（1995）は、1938年に誕生した旧第一生命館（渡辺仁設計）の大半をそのまま保存し、1933年誕生の農林中央金庫有楽町ビルのファサードを新館の一部に組み合わせた形の建て替えで、第一生命館1階ホールの一部は屋内型公開空地として展示スペースに生まれ変わった。また終戦後のGHQ接収期にマッカーサー元帥が用いた6階執務室も記念ホールとして保存されている。

東京駅前の**三菱UFJ信託銀行本店**（2003）は、1920年誕生の旧日本工業倶楽部会館（横川民輔＋松井貫太郎設計）を免震化して高層棟の足元に組み込んだ例で、内部保存の点では先の銀行集会所よりもかなり踏み込んだ扱いとなっている。

馬場先門に近い**明治安田生命ビル**（2004）は、1934年誕生の明治生命館（岡田信一郎設計、重要文化財）をそのままそっくり残しながら、L字型のアトリウムを介して高層棟が寄り添う形で、完全な形での旧棟保存が実現した。

東京駅隣りの**JPタワー**（2012）は、低層部に1931年誕生の旧東京中央郵便局（吉田鉄郎設計）の北・東部分を保存する形で建て替えられた。新旧両棟に囲まれたアトリウムの周囲に商業施設（KITTE）の店舗が並び、新棟側からは旧棟の中庭側ファサードをはぎとった内側を眺めることができる。

もう一件、地区は異なるが九段下交差点近くに建つ**九段会館テラス**（2022）は、1934年に誕生した九段会館（旧軍人会館）の北東側L型部分（4層）に免震装置を施し、高層棟と組み合わせることで部分保存が実現した。特徴的な帝冠様式の屋根と褐色レンガタイルの壁に包まれた中に、旧来のインテリアをそのまま引き継ぐ形で玄関ホールと二つのバンケットルームが保存されている。地下1階のレストラン外側には内濠（牛ヶ淵）に沿って広いデッキが設けられ、散策だけでなく屋外テーブルで自由に休憩できる点が頼もしい。

以上の6例は、いずれも核をなす旧ビルの存在感が大きく、今後これに匹敵する題材に出会うのはなかなか難しいだろうが、対象がもっと新しい建物に置き換わったとしても、新旧要素を対比的に組み合わせる際の大きな手がかりを与えてくれる。

明治生命館と組み合わされた明治安田生命ビルの高層棟

JPタワーの足元に部分保存された旧東京中央郵便局

九段会館の一部を抱き込んで建てられた九段会館テラス

復元された旧新橋停車場（昭和通り
側の顔）

汐留シティセンターへ向かって伸び
る旧新橋停車場の乗降ホーム

丸の内パークビルの正面に復元され
た三菱一号館

（3）旧建物の復元（再建）と組み合わせる

いったん失われてしまった歴史要素（旧建物やその一部）を新たな計画の中に復元（再建）した例として、汐留シオサイト（2003）における旧新橋停車場、丸の内パークビル（2009）における旧三菱一号館、歌舞伎座タワー（2013）における旧歌舞伎座がある。

汐留シオサイト開発の際には、長く失われていた明治期の**新橋停車場**が当初の位置にRC造で復元（再建）された。1872年(明治5年)、横浜駅との間に開通したわが国初の鉄道の起点となった旧新橋駅のレンガ造2階建ての駅舎だ。内部に鉄道歴史資料室とレストランが置かれ、駅舎の脇から伸びるプラットフォームと線路の一部も復元されて、周囲の広場に溶け込んでいる。

ただ残念なのは、昭和通り側から見る建物正面が樹木に囲まれてなかなか瀟洒<ruby>瀟洒<rt>しょうしゃ</rt></ruby>な姿なのに、新橋駅側からアプローチする際に手前の汐留シティセンター（2003）が旧ステーションの存在を隠してしまっている点だ。シティセンター足元に適度な隙間を設けたり、透けるつくりを組み込むことは十分可能だったのにと惜しまれる。

馬場先門に近い三つのビルが丸の内パークビル（2009）として建て替えられた際にブリックスクエアと名付けられ、かつての三菱一号館（1894、J.コンドル設計）が元の位置に復元（再建）されて、美術館としての活用が図られることになった。雑木林を挟んで向かい合うガラスの高層棟とレンガ造一号館の対比の中

に、わが国のオフィス建築における 115 年間の歩みが投影された形だ。ただ残念なのは、ミュージアムを眺められる位置に店舗が少なく、地階の店舗街が封じ込められた印象になっている点だ。中庭がそのまま地階まで斜面で下がり、その奥に店舗が並ぶ構成ならば、自然光の入る地下街からレンガの壁を見上げることもできたにちがいない。

1889 年の創建以来、火災や震災で 3 度も建て替えられた歌舞伎座が、第四期（1950 年完成、登録文化財）の意匠と形状を引き継ぐ形で歌舞伎座タワーの足元に復元（再建、2013）された。正面の外観は忠実に再現され、表通りから以前そのままの姿を眺められるのは嬉しい。なお、瓦で葺かれた玄関まわりの庇がビル足元の歩道を覆う形で東側壁面へ続いているのは好ましいが、西側と北側で他の敷地に邪魔されて途切れてしまったのは残念だ。

規模は小さいが、淡路町ワテラス（2013）建設の際に、大正期から残る蔵が隣りの御茶ノ水ソラシティ（2013）との間に「ギャラリー蔵」として復元（再建）された。1917 年に松山堂書店の蔵として建てられ、その後「淡路町画廊」の名で引き継がれたレンガ造（漆喰塗り）の小さな蔵（12 坪、3 階建）だったが、ワテラス建設の際に一部の材を活用しながら内外観の特徴を再現する形で建てられた。二つの高層棟に挟まれた小さな展示室だが、両棟を結ぶ回廊の途中にあって不思議な香りを放っている。なお御茶ノ水ソラシティの一角には旧岩崎家の擁壁レンガも残されたが、ほ

歌舞伎座を抱き込んで建つ歌舞伎座タワー

歌舞伎座タワーの東側歩道へ続く下屋風の庇

淡路町ワテラスと御茶ノ水ソラシティの間に復元されたギャラリー蔵

中目黒ゲートタウン足元の第六天社

トルナーレ日本橋浜町に寄り添う浜町神社

福徳の森に囲まれて建つ福徳神社

んの一部分だけで、目立ちにくいのがもったいない。

(4) 用途を継承する

　歴史要素をそのままの形で残すこととは異なるが、蔵や祠、社寺や教会などの用途が新たな計画の中に継承されるケースがある。必ずしも形の継承とは限らないし、特に用途のみの継承の場合は新旧対比のインパクトに欠けるとしても、継承しようとする姿勢自体に大きな価値を感じることができる。いくつかの例を見てみよう。

　中目黒ゲートタウン（2002）の足元に建てられた第六天社の祠は堂々としている。もともとは近隣農村の守護神で、道路拡幅などで何度かの移転を経てこの地に祭られることになったようだが、タブの大木ほか雑木に囲まれて頼もしい姿を見せている。似た例は**トルナーレ日本橋浜町**（2005）の足元に建つ浜町神社など、ほかにもいくつかあるようだ。

　日本橋室町の旧三井本館や三井タワーと中央通りを挟んで向かい合う**コレド室町１〜３**（2010〜2014）には、高層棟の足元近くに不思議な一画がある。「福徳の森」と名付けられた小公園を挟んで建つ福徳神社と薬祖神社だ。特に福徳神社の赤い鳥居と白木の社殿は規模も大きくなかなかインパクトがあり、コレドの店舗街から江戸風の通りを抜けて立ち寄る人々の姿が多く見られる。表通り（中央通り）には高層棟が迫るように並んでいてゆとり感がないだけに、裏側のこの一角に来るとホッ

とさせられる。福徳神社の前身（芽吹稲荷）は平安期からの鎮守で、近年までビル屋上に祀られていた祠が、開発を機に新たな社殿として生まれ変わったようだ。隣りの薬祖神社は、明治期に日本橋本町の薬種問屋によって興され、これも近年までビルの屋上に祀られていたという。

街区全体が一新された虎ノ門ヒルズ・ビジネスタワー（2020）の西側広場の一角には、日本基督教団芝教会が高層棟から独立した形で建つ。現代風デザインによる建て替えだが、新たな要素がギッシリ詰め込まれた大規模開発の中にあって、この地に数10年間生き続けてきた活動の拠点が新たな姿で存在し続けることに親しみやすさが宿る。

長く生き続けた宗教施設の用途をビルの一画に組み込む際の二つの対照的な姿勢を見ることができるのが、新宿グランドタワー（2011）と新宿グリーンタワー（1986）だ。新宿グランドタワーの足元には、浄音寺の本堂ほか寺院施設が他の店舗と同じ瓦風タイルの低層棟の中に組み込まれている。一方、新宿グリーンタワー足元の浄風寺本堂と鐘楼は、ビルに囲まれた広場の中に独立して建つ。寺院らしさのない浄音寺も一つの新しい姿だろうが、外観面ではやはりすぐに寺院と分かる浄風寺の建て方の方が新旧対比のインパクトもあり、存在感は大きい。

虎ノ門ヒルズ・ビジネスタワーに寄り添う日本基督教団芝教会

新宿グランドタワー低層部に組み込まれた浄音寺本堂

新宿グリーンタワーの足元に建つ浄風寺の鐘楼

視点 7
オフィスロビーの姿

　低層階に店舗を抱えるオフィスビルは多いが、オフィスロビーと店舗街がどんな形で関わり合うかのレイアウトは様々だ。もともと両者が緩やかに組み合わさるつくりは多かったが、最近はセキュリティゲートが前面に立ちはだかる例が増えて、窮屈な気分を味わうケースも少なくない。オフィスロビーと店舗街をさりげなく、混乱のない形で結び合わせることができれば「ビル足元の街らしさ」は高まり、来館者や近隣者だけでなく、当のオフィスワーカーたちも仕事の合間の食事や買物に街らしさを感じることができる。

　（1）ではオフィスロビーと店舗街の関わり方について、（2）ではいくつかの特徴的なロビーについて実例を眺めてみよう。

新宿住友ビル（左）と新宿三井ビル
（右）

（1）オフィスロビーと店舗街

　少し時代を遡るが、セキュリティゲートのなかった 1970 年代に登場した新宿駅西口の**新宿住友ビル**（1974）や**新宿三井ビル**（1974）の足元を見ると、オフィスと店舗の動線はロビーを介して緩やかに混ざり合っている。地階から 3 〜 4 階にかけて飲食系店舗が、5 〜 6 階にはクリニック等が、さらに頂部にも飲食店が入ることで、ビル全体に街の雰囲気が入り込んでいる。

　その後も、両動線の分離を前面に出しすぎないケースは多い。80 年代に赤坂に誕生したアーク森ビル 1 階のオフィス・エントランスは店舗街と一体のつくりで、2 階も店舗の間からオフィス行きエレベーターに乗ることができる。オフィスエントランスをことさら大げさに作らず、店舗が適度に混ざり合うレイアウトにはぎこちなさがない。90 年代も、**新宿パークタワー**（1994）や東京オペラシテ

ィ（1996）のように、店舗街へつながるメインロビーの一角にオフィス用エレベーターが並ぶ例は多く、オフィスエリアと店舗エリアが付かず離れずの関係で併存する中に、街らしさが感じられる。

晴海トリトンスクエア（2001）は、名前どおりの広大なグランドロビーが3棟の高層オフィス足元のコンサートホール下に広がる。照明が暗めなせいか雰囲気はいくぶん重く、座る場所もないまま人々は足早に通りすぎてゆく。ロビーの先には店舗の入る商業棟が続くが、ロビーの側に顔を見せるのは銀行と郵便局と食品スーパーだけで、奥の店舗街の存在を感じることはできない。そんな中で興味深いのは、昼食時になると奥の店舗街からロビーの中ほどまで、屋台風の弁当売場が溢れ出るように並ぶ光景だ。最初から想定されたシナリオかどうかは別として、そのチグハグ感に人間臭さを感じ、ホッとさせられる。

大型オフィスビルに大規模な店舗街（130店余り）が組み込まれた例として丸ビル（2002）がある。東京駅側の入口からマルキューブ（6階分の吹き抜け）へいたるエリア全体が店舗街への導入部といった性格だが、北側のオフィス用ロビーと完全に分離するのではなく、接続部に誰もが通り、佇める中間的なエリアがある。一方、5年後に登場した新丸ビル（2007）にはこの中間エリアがなく、両エリアが背中合わせに並んでいるため、どこかぎこちない。

丸ビルの翌年に完成した六本木ヒルズ（2003）は、店舗数もオフィス規模も両ビルよ

新宿パークタワーのエントランスロビー（中央公園側）

晴海トリトンスクエアのグランドロビー

店舗街とオフィスエントランスをつなぐ丸ビルのエントランスロビー

六本木ヒルズのオフィスエントランス（左）と店舗街へ向かう弧状の通路

新宿グランドタワーのロビーに張り出すカフェ（外観）

ラトゥール新宿＋新宿セントラルパークタワー前の弧状エントランス

りずっと大きいが、オフィスエントランスは意外に控えめなつくりで、森タワーの足元に広がる66プラザの一角からさりげなく入る形だ。

地下鉄西新宿駅の西方に青梅街道を挟んで建つ三つのビルは、いずれもオフィスと住居と店舗を備えた大型ビルだが、ロビーの姿は三者三様だ。

新宿グランドタワー（2011）は、上層階に住宅とオフィスが抱き合わせで配置される珍しいレイアウトだが、ガランと広い1階ロビーの北端にカフェ用のキッチンが置かれ、客席の椅子テーブルがロビー側へ溢れ出るような配置だ。ロビーとの間に特別な境界はなく、テーブルを増やすことで客席を広げることも可能なつくりだ。この柔軟性に富むレイアウトのメリットは大きいし、ロビーとカフェが重なるつくりには大いに好感が持てる。

一方、住居、店舗、オフィス・貸ホールへの玄関がそれぞれ異なる**ラトゥール新宿＋新宿セントラルパークタワー**（2010）のつくりはどこかぎこちなく不自然だ。「異なる用途には異なる出入口」といった割り切りなのだろうが、庭に沿ってなめらかなカーブで結ばれるガラスの共通エントランスの内部は別々に仕切られていて、外観から見た時の期待は裏切られる。

以上の2棟よりも登場が約10年古い**西新宿三井ビル**（1999）は、広場を挟んでオフィス棟と住居棟（パークサイドタワー）が向かい合う。オフィス棟の足元には20数店舗が入

るが、その間に挟まる形でオフィス行きエレベーターが並ぶ。これ以前のビルには多く見られたレイアウトだが、屋外広場との関係も含め自然でさりげないつくりだ。

足元を豊かな緑に包まれた赤坂インターシティ Air（2017）は、オフィス規模に比して店舗はわずか15店だが、1階エントランスホールから1フロア上った所にオフィスロビーが、1フロア下がった所に店舗街があって、エントランスホール自体は両者を結び合わせる接点の性格を有する。このような設定は他にも例が多いが、安定した一つの典型と思える。

大崎ガーデンタワー（2018）は、1階中央に置かれたアイランド風のオフィスエレベーター乗降エリアをロビーがぐるりと囲む。セキュリティゲートは重苦しさのないデザインで、天井の高い西側メインロビーの一角にはカフェ用のキッチンが置かれ、その周辺を椅子とテーブルが囲むように並ぶ。カフェとロビーの間に特別な境界はなく、テーブルを増やすことで拡大も可能だ。また昼食時に、ガラスを隔てた庭側のテラスに何台ものキッチンカーが店を広げる光景は楽しげだ。

JR 浜松町駅に近い日本生命浜松町クレアタワー（2018）足元の広場正面にはそれぞれ地階と3階へ向かうエスカレーターが並び、その後側のちょっと隠れた位置にオフィスへのエントランスがある。3階の店舗街は折れ曲がったり屋外庭園と接したり、幅広い部分があったり、と変化に富んでいる。店舗数は

西新宿三井ビルと住居棟をつなぐ広場

赤坂インターシティ Air の外観

大崎ガーデンタワーのロビー内カフェ、左側はセキュリティゲート

日本生命浜松町クレアタワーの正面
階段とエスカレーター

地下鉄大門駅から浜松町クレアタワ
ーに続く地下2階の吹き抜けロビー

虎ノ門ヒルズ・ビジネスタワーの広
く開放されたロビー

少ないが、一様にズラリと並ぶのではなく、通路の所々から顔を見せるといった構成だ。地下鉄大門駅の改札口から上がった地下2階の小ロビーは地上までの3層分が吹き抜けて、中間レベルにはちょっとした椅子のコーナーがあり、空へ向けての解放感が大きい。

　虎ノ門ヒルズ森タワーの北側に生まれた虎ノ門ヒルズ・ビジネスタワー（2020）は、すそ広がりの外観が特徴的だ。すその広がりが広場のゆとりを拘束してしまうケースもあるが、ここでは用途を詰め込みすぎることなく、ロビーまわりに 懐 の性格を持たせることで、ゆとりが生まれている。低層部の最大の魅力は、ビジネスタワーでありながらそれを強調しすぎないつくりで、懐の効果は内堀通り側で大きく発揮されている。オフィスワーカーたちが出入りするロビーには誰もが自由に座れる椅子が置かれ、高さ5〜6mの樹木と二つの大型彫刻に囲まれて時を過ごす人々の姿は、ビル内に持ち込まれた街らしさを実感させてくれる。

（2）特異なロビー

　赤坂溜池の山王パークタワー（2000）は、1階エントランスと27階スカイロビーの間を60人乗りのシャトルエレベーターが結ぶ。28階以上に予定されていたホテルが途中でオフィスに変更されたために生まれた想定外のロビーのようだが、誰もが27階まで自由に昇れるのは嬉しい。ただ残念なのは、スカイロビーの大半がメインテナントのインフォ

メーションロビーと、閉鎖型のレストランに占められている点だ。オープンなつくりのカフェなどが十分成り立つ場所なので、ビルの直接利用者以外の客も高所から街を眺めて時を過ごせる場になれば素晴らしいのだが。

大手町の連鎖型再開発によって建て替えられた経団連会館、JA ビル、日経ビルの 3 棟（2009）は、長さ 130 m 余りの通路で結ばれる。「カンファレンスモール」と名付けられたこの広い通路が、2 〜 3 階のレベルで各ビルのエントランスロビーを結ぶプロムナードを構成している。窓際の幅広い窓台に座って街路樹の並木を眺めることもできる心地良いスペースで、ここから 4 階のスカイガーデンへ上がれば、小さなビオトープと水田に出会うことができる。

大崎駅西口の NBF 大崎ビル（2011、旧ソニーシティ大崎）の 1 階は全体がガランとした広大なロビーで、関係者以外が足を踏み入れることはできない。このままでは街との親和性ゼロということになりそうだが、建物外周にはそれを補うだけの豊かな緑がある。地形の高低に対応した斜面はこんもりした樹木で覆われ、緩やかに昇り降りする遊歩道がビルの足元を巡っている。通常ならばビル中間部に通り抜けのほしい規模だが、ミニハイキング気分も味わえそうな歩路の存在がその不足分を打ち消してくれる。

これに似たつくりは JR 田町駅に近い日本電気本社ビル（2011）の足元にも見られる。関係者以外はロビーへ入れないが、周囲の広

27 階にスカイロビーのある山王パークタワー

経団連会館、JA ビル、日経ビルをつなぐガラスのカンファレンスモール

NBF 大崎ビルの足元を包む緑の森と散策路

日本電気本社ビルを囲む足元広場の植栽と歩路

六本木グランドタワーのメインロビー

自由に座れるカウンターテーブルのある大手町プレイスの2階ロビー

場には植込みが並び、縁（へり）の立ち上がりが連続ベンチ風のつくりになっていて、大勢が座れるのは有難い。ただ、敷地が平坦な上、植込みのレイアウトが直線パターンのため、散策を楽しむには少し堅苦しい雰囲気だ。

六本木グランドタワー（2016）は延床面積20万m²を超える超大型ビルだが、低層部の構成が入り組んでいて分かりにくい。六本木1丁目駅から地下通路を経てアクセスする際のサンクンガーデンとアトリウム型ロビーの雰囲気はなかなか良いのだが、このメインロビーと他の出入口を結ぶ経路がかなり複雑だ。ビルを囲む外周道路には20m近い高低差があり、各エントランスのレベルが1階から5階まで及んでいて、これが分かりにくさを生んでいる。エントランスどうしをもっと明快なルートで結び、中央ホールへ導くことはできなかったのだろうか。折れ曲がりの多い廊下やセキュリティゲートまわりの廊下幅はかなり広く、この余裕分を全体の輪郭づくりへ振り向けることで、もっと包容力のあるプロムナードの骨格を作り出してほしかった。

逓信総合博物館と東京国際郵便局の跡地に生まれた**大手町プレイス**（2018）は、L字型の低層部の上に2本の高層棟が建ち上がる構成だ。低層部の輪郭を作るのは「セントラルプロムナード」と名付けられL字形を二つつなげた形のロビーで、これに沿った吹き抜けに店舗が並ぶ。特筆すべきは、北側のNTTコミュニケーションズ大手町ビルに面する側の庭とこれを見下ろす形のロビーだ。

1階は細く折れ曲がる静かな木々の庭に面し、2階には吹き抜けを通して庭を見下す位置に誰もが自由に使えるカウンターテーブルが並ぶ。まさにビル内に「街の心地良さ」が持ち込まれたと言ってよい。3階のオフィスロビーへは、少し離れた2箇所からエスカレーターで上がる形だ。大手町・丸の内界隈には四角形の敷地が多いが、ここでは異色のL字型敷地が独特のロビー形状を生むのに一役買っているようにも思える。

　馬場先門に近い**二重橋スクエア**（2018）の足元ロビーは苦肉の構成だ。三つの建物（東京会館、東京商工会議所、富士ビル）の共同建て替えによって生まれたビルの1階に3者のロビーが寄り添う形で置かれる。北側には一般オフィスと商工会議所のための二つのロビーが並び、ガラスの扉を介してつながる南側には、より高級感のある東京会館ロビーが続く。そしてこれら以外に、1階の仲通り側から直接出入りできる約10店舗が並んでいるので、実際には四者が寄り合う構成と言ってもよい。もう少し一体感を目指しながら、街らしい多様性が演出できれば良かったのに、という印象だ。

大手町プレイス北側の庭

三つのロビーを持つ二重橋スクエア

視点 8
大型ビルの店舗街

　大規模開発の先駆けとなった赤坂のアークヒルズにも店舗はあるが、ビル内店舗街としての規模は小さい。2000年代に入ると、多様な店舗街を組み込んだ大型ビルが登場し、高級感のあるインテリアや大きな吹き抜け、アトリウムや屋外庭園など、それぞれ特色を競い合う形で増え続けてきた。

　これらの大型ビルに内包される店舗街は、立地や客層によってつくりは異なるにしても、周囲の街から切り離された中に一つの内なる世界（街）を作ろうとしている点で共通しており、それが高じれば閉塞感や画一性に陥る心配も抱えている。そこから脱する上で欠かせないのは、「外の街とのつながり」「外気との触れ合い」「佇むことのできるゆとり」などであり、それらが真の個性創出にとって大きな力となってくれるはずだ。

　「吹き抜けやアトリウム」「街を眺められるコーナー」「外気に触れられるテラス」「ゆとりあるロビーや通路」に着目しながら、具体例を眺めてみよう。

(1) 売場の構成と特徴

　80年代に登場した**アークヒルズ**（1986）の店舗は約40店、中規模ではあるが2階、3階からそれぞれ屋外広場へも抜けて行ける開放的なつくりで、内部もそれ以前の店舗集合ビルのように似た構えの店がズラリと並ぶのではなく、途中に適度な壁があったり凹部にベンチが置かれたりして、落ち着きとゆとりが図られている。

　2002年になると東京駅丸の内口の正面に**丸ビル**が、その5年後には隣りの**新丸ビル**（2007）が登場する。ともに旧ビルの形状を引き継ぐ形の基壇部の中に似た規模の店舗街が入るが、6階分の大きな吹き抜け（マルキューブ）のある丸ビルと、それのない新丸ビルでは店舗街の印象がかなり異なっている。各フロアから外の街路樹や街の様子を眺めること

アーク森ビル2階の半屋外アーケード（アークヒルズ）

のできるマルキューブには解放感があるが、新丸ビルの方は高級感を備えながらも全体に閉鎖的な印象だ。新丸ビルも7階の外周沿いには魅力的なテラスがあるのだが、その存在が見えにくい。両ビルの狙いは少し異なるのだろうが、丸ビル5階の屋外テラスは面積こそ小さいが、内側に続くフードコート風のエリアと合わせて開放的なエリアだ。

六本木ヒルズ（2003）の森タワー2階から6階にわたる「ウェストウォーク」は約90店が入る店舗街だが窓がほとんどない。通路も方向感覚を失いやすい環状型だが、各フロアの2箇所が渓谷状のアトリウムに接していて、ここではわずかに外光を目にしながら位置の把握が可能だ。また森タワー東側には、地下2階から地上1階にわたるもう一つの店舗街「ヒルサイド」がある。正面側からはちょっと気づきにくい位置だが約40店舗が入り、3層分すべてが外気に接するつくりで、毛利庭園を眺めながら巡ることのできる魅力的な裏街道といった雰囲気だ。

同潤会青山アパートの建て替えによって生まれた表参道ヒルズ（2006）は、三角形平面のアトリウムの周囲を6層の店舗街が囲んでいる。表参道と勾配を揃えたループ状の斜路と、地下3階へ向かって緩やかに降りる広い階段によって特徴づけられるアトリウムには独特の胎内感があるが、外の街からは切り離された印象だ。表参道ならではのケヤキ並木を眺めることができるつくりならば、もっと場所の雰囲気が感じられるにちがいない。

丸ビルの「マルキューブ」（日よけブラインドが下りると少し閉鎖的）

新丸ビル7階の屋外テラス席

毛利庭園へ抜けるヒルサイドのウェストウォーク店舗街（六本木ヒルズ）

アトリウム内を地下3階へ向かって
下りる表参道ヒルズの大階段

階高の高いガレリア棟のアトリウム
（東京ミッドタウン）

吹き抜けに面して店舗が並ぶJPタ
ワーKITTEの旧棟部分

六本木の**東京ミッドタウン**（2007）は、正面広場に架かるガラスのシェルターが過大で人を圧する印象だが、ガレリア棟に足を踏み入れると、整然とレイアウトされた広い廊下と天井の高い店舗街に静かな雰囲気が漂う。東西両端部のガラス面から外の様子が透けて見え、特に地下1階のコートヤードから屋外テラス席の脇を経て檜坂公園方向へ抜けてゆくルートは心地良い。

旧東京中央郵便局（1931、吉田鉄郎設計）の一部を保存する形で2012年に誕生した**JPタワー**足元の店舗街（KITTE）を特徴づけるのは、旧棟との間に広がる三角形の5層アトリウムだ。大半の店舗がアトリウムに沿って配されていて分かりやすく、上部に架かるガラス屋根からの自然光が適度な解放感をもたらしてくれる。また6階の店舗街からそのまま出て行ける屋上庭園は、復元された新東京駅舎を間近に見下ろすことのできる格好のロケーションなのだが、歩行路以外の植栽帯へ入って行けないつくりには物足りなさが残る。

渋谷ヒカリエ（2012）の地下3階から地上4階まで吹き抜けるアーバンコアは外気とつながる空気の縦動線として特徴的だが、残念ながら店舗エリア（地下3階〜地上7階）とは隔てられていて、売場内から外部を望める箇所はほとんどない。シアターやホールのある9〜11階にはガラス張りの広いロビーがあって街を眺望できるのだが、下層階の詰め込まれた売場にも吹き抜けかアトリウムなど何らかシンボリックな空隙があれば階どうしが

つながり、もっと開放感が生まれたにちがいない。その後、隣りに登場した渋谷スクランブルスクエア（2019）も、屋上のユニークな広場（スカイステージとスカイギャラリー）を除けば下層階の店舗街はヒカリエに似た窮屈なつくりだ。

　日本橋室町の中央通りに面するコレド室町1（2010）・コレド室町3（2014）とその背後に建つコレド室町2（2014）に囲まれた道路は、自動車もゆっくり走るが路面は歩行者本位の石敷きで、1〜2階の店舗まわりには吊り提灯や看板、置き行灯など「和」を感じさせる江戸情緒の演出が施されている。だが残念なことに、各ビルの地下1階から4階までの店舗街には外の様子を感じられる場所が少なく、レイアウトも窮屈だ。3棟はそれぞれ別個の建物だが、挟まれた道路を共通の吹き抜けと見立てて互いに見通せるつくりとすればもっと一体感が得られるだろうし、上層階に棟どうしをつなぐルートが増えれば、回遊性も高まるにちがいない。

　旧松坂屋と東側の隣接街区を合わせた再開発によって誕生した銀座シックス（2017）は、巨大なファサードを何通りかのパターンに分割することで、中小ビルの林立する銀座通りらしさの投影が試みられている。館内の地下1階から5階まで店舗が入り、2階から上の吹き抜けを囲むフロアには広い通路が巡る。各階の吹き抜け脇に置かれたソファーは自由に座ることができ、せき立てられることのない落ち着きが嬉しい。ただ表参道ヒルズに似

箱を重ねた形状の渋谷ヒカリエ

渋谷ストリーム（左）と渋谷スクランブルスクエア（右）

ブリッジで結ばれるコレド室町1と室町2

分節化された銀座シックス低層部の
ファサード

段状に上る東京ミッドタウン日比谷
のステップ広場

東京ミッドタウン日比谷6階の屋外
テラスから皇居方面を望む

て、外部から隔離された胎内感はあっても、内向的なつくりのために銀座らしさを肌で感じることは難しい。

東京ミッドタウン日比谷 (2018) の1階から3階までの店舗フロア中央には円形の吹き抜けがあり、これを囲む物販系の店舗は外部も望める開放的なつくりだが、奥の通路とそれに囲まれた飲食系の店舗は閉鎖的な雰囲気だ。地上から段状に登るステップ広場とつなげながら、隣接する日比谷公園の緑を望める形がとれれば、もっと魅力的な店舗街になり得ただろうに残念だ。一方、ちょっと存在が分かりにくいが、6階の屋外テラス (パークビューガーデン) はなかなか魅力的な場所だ。店舗は少ないがテラスが広く、隣接の日比谷公園や皇居の壕と森をこれまでなかった視点から眺めることができる。また、日比谷アーケードと名付けられた地階の店舗街には独特の雰囲気が漂う。旧三信ビルの廊下で印象的だった連続アーチを模した高天井のアーケード街にはわずかにレトロな気分が漂い、ゆとり感もある。

(2) 屈曲する通路

店舗やアミューズメント施設では、整然とした分かりやすさよりも屈曲性や回遊性が場の魅力を高めてくれることが多い。「屈曲」や「回遊」が広く話題を集めることになったのは、福岡にキャナルシティ博多 (1996) が登場した時で、巨大なビルの間を流れる水路を挟むように置かれた不整形の店舗街の不思

議な重なりが人々を魅了した。デザインを担当した J. ジャーディーはその後、六本木ヒルズやカレッタ汐留など東京でのプロジェクトにも関わることになる。

オフィス棟の足元に屈曲型や回遊型の店舗街を持ち込むことで、リラックスした雰囲気を生み出そうとする例を眺めてみよう。

晴海トリトンスクエア（2001）は、高層棟足元の広く暗めのロビーを抜けると、その先にまったく雰囲気の異なる店舗棟が現れる。小さな吹き抜けを囲んでうねるように続く廊下沿いに形や大きさの異なる店舗が配され、2〜3階の両レベルから屋外の庭園へ出て行くこともできる。樹々の繁る曲線状の庭園はそのまま地上レベルまで下りることができ、朝潮運河のほとりへ近づくこともできる。林立する3本のオフィス棟の背後に潜む楽園といった雰囲気で、巨大ビルとは対照的な楽しさと開放感を備えている。

汐留の電通ビル本社の足元に建つカレッタ汐留（2002）には、屈曲する屋内通路の所々に J. ジャーディー特有の渓谷的な雰囲気を意図した吹き抜けとブリッジが組み込まれている。だが、狭い中に多くの店舗が詰め込まれすぎて中途半端の感があり、ワイルドなつくりを目指しながら通常のビル内店舗と同じく外の広場から扉で遮断されている。外気が心地良い季節も空調エリアに閉じ込められた閉塞感は大きいし、回遊性が成り立ちそうに見えても地下1、2階の両端が別々の広場につながっているため、ルートとして分かりに

水面を挟んで向かい合うキャナルシティ博多の店舗街

晴海トリトンスクエア店舗街の通路と吹き抜け

晴海トリトンスクエア店舗街の1〜3階にわたるガーデンテラス

カレッタ汐留の地下2階エントランス

ウェストウォークとホテル棟に挟まれた六本木ヒルズの渓谷状アトリウム

大崎シンクパークプラザの店舗棟に設けられたパティオ

くいつくりだ。

六本木ヒルズ（2003）の店舗街は、やはりJ. ジャーディーの本領が十分発揮されている。特に印象的な場面は、店舗棟とホテル棟の間にゆるく弧を描いて伸びる4層分の吹き抜けだ。一度に全体を見渡すことはできないが、進むにつれて少しずつ先が見えてくる構成は、両側に崖を見上げながら渓谷を進む時の感覚に似て、ある種の期待感が漂う。これに接するウェストウォークの商業空間は、この谷のおかげで失いがちな位置感覚がかなり助けられる。

大崎駅西口の明電舎跡地に登場した**大崎シンクパークプラザ**（2007）は、高層棟の足元からヒレのように伸びる低層棟の1～2階に20数店が並ぶ。オフィスエントランス前の共用ロビーから奥へ伸びる廊下は、椅子とテーブルの置かれた楕円形パティオのまわりを一巡して戻って来れるつくりだ。迷路性とは言えないまでも、整然としたレイアウトにはない「ちょっと意外性のある回遊気分」が味わえる。ビルの外周は起伏の緑に包まれて、散策も可能だ。

（3）店舗街の回遊性

複数のビルが並び建つ時、足元の店舗街が個々バラバラに並ぶのではなく、一巡できる一つながりのルートとして設定される時に回遊性が生まれる。少し古い例だが、1970年代末から80年代初めにかけて誕生した**日比谷シティ**には、三つの高層棟（日本プレスセン

タービル 1976、富国生命ビル 1980、日比谷国際ビル 1981）の地階をつなぐ店舗街がある。ただ店舗街どうしが、なんとか通路で結ばれているといったつくりで、街らしさを感じることはできない。

　その約 30 年後、連鎖型再開発によって登場した大手町ファイナンシャルシティ（2012）も、三つの高層棟（グランドキューブ、ノースタワー、サウスタワー）が並び建つケースだが、地階でつながる店舗街のレイアウトにはもう少し街らしさがある。地上には歩行者専用路（大手町仲通り）を挟む形で 10 数店舗が並び、ビルの谷間の圧迫感を忘れさせてくれる解放感があるが、残念なのは地下の店舗街がこの地上の広がりと切り離されている点だ。階段やエスカレーターまわりに空を望める開口があれば、上下階が視覚的にもつながり、開放感とともに回遊性が高まるにちがいない。

　新橋駅に近い汐留シティセンター（2003）の高層棟足元には 5 層の店舗街があるが、残念なのは駅からの人の流れがそこでせき止められて反対側へ抜けて行きにくい点だ。ビル北側の広場には復元された旧新橋停車場の瀟洒な駅舎があるのに、その存在を感じることができない。地上レベルをもっと開放的に作ることで、停車場（内部は資料室とレストラン）まで抜けられるつくりとし、それを回遊ルートに取り込んでしまうこともできたのに残念だ。

　赤坂 Biz タワー（2008）の足元には高層棟にまとわる形で店舗棟がつながっている。1、

日比谷シティを構成する 3 棟

大手町ファイナンシャルシティの高層棟に囲まれた大手町仲通り広場

汐留シティセンタービルの足元部分

赤坂 Biz タワー店舗棟のアトリウム

虎ノ門ヒルズ森タワーのステップガー
デンに沿って下りる段状のアトリウム

虎ノ門ヒルズ森タワー（右）と同ビ
ジネスタワー（左）を結ぶブリッジ

2階分が吹き抜けるアトリウム型プラザは開放的だが、地階の店舗街と南側の分館がそれぞれ孤立していてバラバラ感が拭えない。ブリッジや吹き抜けによって三者をつなぎ合わせることで回遊性も生まれるにちがいない。なお、オフィスロビーを中2階から見下ろす位置にあるカフェはユニークな設定だ。

　環状2号線（通称マッカーサー道路）の整備とともにその上に載る形で作られた**虎ノ門ヒルズ森タワー**（2014）では、貫通する地下道路の線形と勾配に沿って緩やかに上るステップガーデンが全体の輪郭を特徴づけている。室内側には竹をあしらったアトリウムが店舗の脇を緩やかに上り、突き当たりの大きなガラス面の外側には芝生のオーバルコートが広がる。この広場を散策した後にステップガーデンの屋外側スロープを戻って降りることもできるが、北側のブリッジを渡れば新たに誕生した**虎ノ門ヒルズ・ビジネスタワー**（2020）の店舗街へそのまま入ってゆくことが可能だ。これまで行き止まり感のあったオーバルコートに広がりが生まれ、両ビルの接続によって回遊性が高まっている。

　渋谷駅の南側に登場した**渋谷ストリーム**（2018）足元の半屋外的な店舗街は異色のつくりだ。店舗が並ぶ2〜3階は上に高層階が載るため天井は塞がれているが、両端部と中間の何箇所かが外気に解放され、暑さ寒さや風も入る街路のような感覚だ。種々異なる飲食店が同居する際の形式として好ましいパターンと思え、屋内外を回遊する気分も味わえ

る。なお、暗渠だった渋谷川の蓋をはずし、これを脇から見下ろす発想はユニークだが、護岸形状や水質の改善がもっと進んだ時に真の魅力が発揮されるのだろう。

2020年に渋谷区宮下公園が**レイヤード宮下パーク**として生まれ変わった。立体都市公園制度にもとづき、屋上に公園が載る3階建の店舗集合ビルで、18階建のホテルと90余りの店舗を含む。渋谷駅の北側、今も終戦直後の名残の一端が残る「のんべい横丁」の裏側を抜け、埋め立てられた旧渋谷川のプロムナードを進むと、正面に「宮下パーク」が現れる。プロムナード側に席を張り出す屋外飲食店が100m近く続き、バス通りを越えた先まで北棟が伸びる。北棟2〜3階のデッキ状廊下に並ぶのは半屋外型の飲食店で、4階まで上がった所にやっと公園が現れる。この施設にとっての最大の魅力は屋上公園ではなく、外気に開かれたオープンな店舗街だ。親自然や省エネルギーのメリットに加えて、感染症等の予防にも大きく役立ちそうだ。一方、主役のはずだった屋上の公園にはキッチンカーやテントの出店が多く、スポーツコートの類が三つもあって、親自然派には不満が残る。

この施設をパークと呼ぶことに違和感もあるが、近年の宮下公園の使われ方を思えば、はるかに多くの人たちが楽しめるようになったことを喜ぶべきだし、密集市街地にふさわしい新たな公園と店舗の姿を示していると言えそうだ。

渋谷ストリーム2階の半屋外型プロムナード

レイヤード宮下パーク北棟3階の半屋外通路

レイヤード宮下パーク4階の公園広場とホテル棟（正面）

視点 9
サンクンガーデンとアトリウム

　大型建築と街の接点を考える際の有力な手がかりとして、サンクンガーデンとアトリウムがある。屋外と室内という違いはあるが、特定な用途に縛られずに多様性が成り立ち易い場として、両者の構成を探ってみよう。

新宿センタービル前の深めのサンクンガーデン

ブリッジ越しに見る新宿三井ビルのサンクンガーデン

（1）サンクンガーデン

　1970 年代、新宿駅西口近くに登場した二つの高層ビル（新宿センタービルと新宿三井ビル）を例に、街とサンクンガーデンの関わり方を比べてみよう。ともにビル前面のサンクンガーデンから奥へ向かって地階の店舗が広がる構成だが、少し様相が異なっている。

　新宿センタービル（1979）のサンクンガーデンは駅から伸びる地下歩道に直結していて入りやすいが、地上の街からは少し離れた存在だ。前面道路側から見ると、広場がビルを囲む普通の姿にしか見えないが、近づくにつれて深いサンクンガーデンと地下店舗街が見えてくる。

　一方新宿三井ビル（1974）は、前面道路からガーデン全体を見渡すことができ、奥には地階の店舗が顔を見せている。頭上には歩行ブリッジが庇状に伸び、くぐった先の広い階段がガーデンへ向かって下りる。この結界のようなつくりに、滝を落ちる水が加わってガーデンの存在は際立っている。樹間の数多い椅子とテーブルは頼もしく、飲食店以外の客も遠慮なく座れる懐の深さが大らかな「街らしさ」を感じさせてくれる。

1981年、旧NHK放送会館の跡地に日比谷シティが誕生した。二つの高層棟（日比谷国際ビルと富国生命ビル）の間にサンクンガーデンが設けられ、当初はN.Y.のロックフェラーセンターにならったスケートリンクの登場が話題を呼んだ。その後、フットサルコート等に変更されたが、やはり対象が限られるスポーツコートは日常的な活気に乏しく、現在は緑とベンチの広場へ改修されている。

2棟のビルに囲まれた日比谷シティのサンクンガーデン

　大正海上火災本社ビル（1985、現在の三井住友海上駿河台ビル）のサンクンガーデンは特徴的だ。関係者以外が奥まで入ることはできないが、表通りからビル足元へ向かって緩やかに下がる広場がピロティ下をくぐり抜け、大型彫刻の広場へ続く。表通りから彫刻まで100m以上の距離を見渡すことのできる雄大さは、都心でなかなか出会えない距離感だ。

ピロティをくぐる形のサンクンガーデン（三井住友海上駿河台ビル）

　新宿パークタワー（1994）の足元西側の庭は、ビル外壁から少し離れた位置に石垣が立ち上がりその上に樹木が植えられて、館内からはサンクンガーデンのような錯覚を覚える。実際には、北から少しずつ上がってきた敷地の傾斜によって生まれた高低差によるもので、高さ2m近い石垣が隣地からの視線を遮ることで落ち着きをもたらしてくれる。

　近年は地下鉄駅につながるサンクンガーデンが増えているが、その先駆けとなったのは千代田線の新御茶ノ水駅に接する新お茶の水ビル（1981）と、赤坂駅に直結する国際新赤坂ビル（1980）だ。ともに改札口から直接つながる地階広場だが、新お茶の水ビルはトラ

シェルターが架かる新お茶の水ビルのサンクンガーデン

対をなす国際新赤坂ビルサンクンガーデンの一つ

豊洲駅に続く豊洲センタービルのサンクンガーデン

東池袋駅から緩やかに上るライズシティ池袋のサンクンガーデン

ス状のシェルターが架かるサンクンガーデンで、新赤坂ビルはツィンタワーの足元に二つのサンクンガーデンが並ぶ形だ。それぞれガーデンを介して駅とビルとが結びつき、地下駅と街との間に新たな関係が生まれた。喧騒の街路面よりも低いレベルから地上を見上げる視線と、街路側から地階の商店街を見下ろす視線とが行き交うことで街に新たな活気がもたらされることにもなった。

　その後も、有楽町線豊洲駅の豊洲センタービル（1992）や東池袋駅のライズシティ池袋（2007）、大江戸線中野坂上駅の中野坂上サンブライトツイン（1996）や勝どき駅の勝どきビュータワー（2010）、南北線溜池山王駅の山王パークタワー（2000）や六本木1丁目駅の泉ガーデンタワー（2002）、副都心線東新宿駅の新宿イーストサイドスクエア（2012）など、高層ビルの誕生とともに駅につながる形で多くのサンクンガーデンが生まれている。

　東池袋駅のサンクンガーデンから建ち上がるライズシティ池袋は、三角形の住居棟と方形のオフィス棟がガーデンを南北から挟み、緩やかに上る階段状の床が地上レベルまで達する。地下駅から広場を抜けて地上へ向かう時、逆に広場から下りて駅へ向かう時、行く手には視線が抜けて、空を感じながらの歩行が心地良い。

　東新宿駅へつながる新宿イーストサイドスクエアのサンクンガーデンには多くの店舗が並び、デッキの丸い穴を通して広い空が望める。上の庭園広場と緩やかな階段で結ばれ、

広場からは店舗街を行き交う人々の動きが見下ろせる。うねる形状と広場を支える曲面柱の組み合わせは大型ビルの足元として珍しいデザインだが、上下をつなぐこの大らかな構成はサンクンガーデンの秀逸な例と言える。

六本木1丁目駅へつながる泉ガーデンタワーの足元は、台地上から下りてくる連続階段とエスカレーターがサンクンガーデンを経てそのまま地下駅のレベルまで達する、といったユニークな構成だ。高さ15m近い台地から−10mのレベルまで連続的に降りる大胆なつくりが目を見張らせてくれる。

最近は、開通時期の古い地下鉄駅に接して新たなビルが建設される際にもサンクンガーデンが組み込まれるケースが増えている。都営浅草線の大門駅では足元に小さなサンクンガーデンを持つ日本生命浜松町ビル（2018）が生まれ、もっと古い銀座線では京橋駅につながる東京スクエアガーデン（2013）や日本橋駅につながる東京日本橋タワー（2015）の足元にそれぞれ小さなサンクンガーデンが生まれた。また、サンクンガーデンではないが、京橋駅のエドグラン（2016）や三越前駅のコレド室町1（2010）＋コレド室町3（2014）のように、狭苦しかった地下通路の出入口まわりにゆとりが生まれるケースも増えている。

(2) アトリウム

わが国におけるアトリウムの先駆けとして、大同生命本社ビル（現大同生命江坂ビル）が大阪にある。竣工は1972年で、高さ60m余り

曲線階段が印象的な新宿イーストサイドスクエアのサンクンガーデン

六本木1丁目へ続く泉ガーデンタワーのサンクンガーデン

京橋駅に続く東京スクエアガーデンのサンクンガーデン

初期のアトリウム（大同生命江坂ビル）

新宿NSビルの高いアトリウムを見上げる

街が透ける東京芸術劇場のアトリウム

のオフィス棟の足元に組み込まれたアトリウムだ。当時まだアトリウムという呼び方が一般的ではなかったが、足元の3層分がそっくり吹き抜けて、四周の傾斜する大型ガラス面から採光する形式は、後に主流となるアトリウムとは少し異なっていた。レベル差のあるフロアがいくつかつながり、それぞれ樹木に囲まれた心地良い場所を作っている。またアトリウムの中央部を自由に通り抜けて行けるつくりは今も健在で、街との好ましい関係を生み出している。

新宿新都心の高さ競争に終止符を打つ形で登場した新宿NSビル（1982）のアトリウムは当時としては革新的なつくりで、30階建オフィスビル中央部の約40m×60mを占める大きな吹き抜け空間は、まさに「都市の居間」にふさわしい大型ロビーの登場として注目を集めた。だがコンセプトの先進性とは裏腹に、かなり薄暗く閉鎖的な印象になってしまったのは残念だ。130mという高さに加えて、大きなガラス天井を支える頑丈な鉄骨が採光を邪魔し、せっかくの大空間も井戸の底から空を仰ぐような印象が拭いきれない。

池袋駅近くに登場した東京芸術劇場（1990）は、広大な透明ガラス屋根を斜めに架けることで十分な明るさが得られ、圧倒されるようなアトリウムからは街の風景を存分に眺めることができる。だが一方、巨大温室のようにダダッ広い空間が一体何を目指したものか、という疑問を投げかけるきっかけにもなった。その後は広いだけの巨大温室から脱し、建物

規模や性格にふさわしいアトリウムを目指す例が増えている。

御茶ノ水駅に近いセンチュリータワー（1991）と虎ノ門のJTビル（1995、現在の住友不動産虎ノ門タワー）はオフィス主体のビルだが、それぞれアトリウムが個性的だ。センチュリータワーでは、南北2棟に挟まれた隙間状のアトリウムに東側の垂直面からも光が注ぎ、各階のオフィスフロアがすべてアトリウムに接するつくりとなっている。JTビルの方は、動く彫刻の水庭をぐるりと囲む回廊型のエントランスホールにガラスのシェルターが架かるアトリウムで、全体が透けて空を存分に感じられる明るい雰囲気だ。

透明感のあるJTビルのエントランスを覆うアトリウム

芝浦運河に面するシーバンス（1991）と足元に店舗を抱える新宿パークタワー（1994）のアトリウムはともに長く伸びる形だが、前者は留まるスペースで、後者は流れるスペースと言ってもよい。シーバンスは二つの高層棟に挟まれる形でア・モールという名のガラスアーケードが伸び、長さ100m近い内部はにぎわいの絶えないフードコートだ。パークタワーの方は、甲州街道側と中央公園側の両エントランスを結ぶ通路型のアトリウムで、店舗とオフィスへ向かう来館者が混ざり合う。

2棟間をつなぐシーバンスのアトリウム（ア・モール）

90年代後半には、東京オペラシティと東京国際フォーラムにそれぞれ長さ200m近いアトリウムが登場し、公共施設内の「都市の居間」として広く人々の目に触れるようになった。東京オペラシティ（1996）のガレリアと名付けられたアトリウムは新国立劇場とオ

二つのエントランスをつなぐ新宿パークタワーのアトリウム

甲州街道へ向かって下がる東京オペ
ラシティのアトリウム（ガレリア）

高くそびえる東京国際フォーラム・
ガラス棟のアトリウム

ノースガーデンの樹木が望める大崎
ゲートシティのアトリウム

フィス棟の間に伸びるプロムナードで、両端部が外気に解放されている。床は緩やかな階段状で、20mを超える高さのガラス屋根を通して空を望むことができる。店舗街のためのロビーが別にあるせいか、ガレリアの方は人も少なめで、特に平日は所々に腰掛ける人やゆっくり散策する人などで、くつろいだ雰囲気だ。**東京国際フォーラム**（1997）は、ガラス棟という名の弧状ロビーの上部60mの位置に透明な屋根が架かる。なかなか壮大な雰囲気だが椅子類が少なく、展示やイベントのない時はちょっと立ち止まるか、通り過ぎるしかない。むしろホール棟との間に広がる屋外広場の方が居心地は良く、平常時はベンチに座って木々を眺める人々の姿がチラホラといった感じだが、屋台や出店が並ぶ時にはかなりのにぎわいが生まれ、ガラス棟のロビーへも人が流れ込んでくる。

　2000年以降のアトリウムは多様化が進み、大崎ゲートシティや丸ビルのように水平面を塞いで垂直面から採光するケース、六本木ヒルズや丸の内マイプラザのように並び建つ2棟の隙間にガラスを架けるケースなども登場している。

　大崎ゲートシティ（1999）には「アトリウム」という名の4層吹き抜けのホールがある。フードコート風のつくりだが、段々状に作られた天井の垂直面にガラスを入れることで光量が抑えられ、眩しすぎることがない。**丸ビル**（2002年）の大きな吹き抜けロビー（マルキューブ）は天井面が塞がれて、南側と西側のガ

ラス面から隣りのビルや街路樹を眺めることができ、街中らしさを味わうことができる。

六本木ヒルズ（2003）では店舗街（ウェストウォーク）とホテル棟に挟まれた弧状の隙間にガラス屋根が架かり、下から見上げる時には渓谷のような魅力が迫る。

丸の内マイプラザ（2004）は、明治生命館（重要文化財）と、隣りに建てられた明治安田生命ビル（2004）の間のL字型の隙間にガラス屋根が架かるロビーで、新旧の壁に囲まれた中に不思議な対比を感じることができる。

2020年、三角ビルの名で知られる新宿住友ビルの周囲が巨大なアトリウムで覆われた。長い間、レンガの屋外広場が特徴的だったが、悪天候時や寒冷期の利用を目指して屋内化された。アトリウムの南半分は東西二つの中規模ロビーで、奥へ進むと北側に大型スクリーンのある広大なホールが広がる。比較的明るい南半分にはいくつか店舗もあって、時々ピアノも置かれ、ほどよい心地良さだが、奥の大型ホールは北側の地面から数m下がっているせいもあって薄暗い。平常時に訪れるとちょっと異様な雰囲気だが、2000人規模のイベントが開催可能で、災害時には避難者の受け入れも想定されているという。ただ、敷地全体を眺める時、ビルの周囲をここまで目一杯アトリウム化するのが良かったのだろうか、という疑問も残る。季節の良い時期には散策もできる屋外広場をもっと残すこともビルの価値を高める上で有効だ。

丸ビルの店舗街を縦につなぐアトリウム（マルキューブ）

新旧両棟に架かる明治生命館のアトリウム（丸の内マイプラザ）

新しく生まれた新宿住友ビル足元の巨大アトリウム

視点 10
公園と緑

　昔ながらの樹木や草花が失われつつある東京の街で、期待したいのは大型開発にともなう緑の誕生だ。再開発とともに生まれ変わった公園や、大型建築の足元に作られる広場や庭の緑を眺めてみよう。

（1）再開発にともなう公園

　再開発にともなって新たな公園が生まれたり、以前からの公園が整備されて魅力的な場へ生まれ変わるケースがある。大川端リバーシティの河畔に沿う佃公園と石川島公園、六本木の東京ミッドタウンから斜面でつながる檜町公園、品川駅東口のインターシティとグランドコモンズに囲まれた品川セントラルガーデン、中野駅北口の警察大学校跡地に広がる四季の森公園などいずれも優れた例だ。公園が再開発地区にとっての心地良いオープンスペースであると同時に、公園だけで見ても訪れる価値は大きい。いずれもビルの足元広場と公園とが境目なしに自然な形でつながることで魅力が高まっている。

　中央区の佃公園（1990）は隅田川の河畔に沿って南北約400m、石川島公園（同）の方は豊洲運河に沿って南北約700mの長さで伸び、中間の隅田川テラスで結ばれる。端から端まで水辺に沿って1km余りをゆっくり歩くと20分から30分、特に天気の良い日は川風に触れながら対岸の街並みを望むことのできる格好の散策路だ。

　港区の檜町公園（2007）はもともと長州藩

隅田川に沿う佃公園

豊洲運河に沿う石川島公園

毛利家の庭園だったが、その後駐屯地を経て公園に移管され、ミッドタウン誕生の際に大きく整備の手が加えられた。高層棟の足元から緩やかに下る斜面には草木に囲まれた散策路が巡り、池のほとりには和風のレストハウスがあって、平日も人々が三々五々集う。

　港区と品川区にまたがる品川セントラルガーデン（2003）は、東西両側を大型ビル群に囲まれ、南北両端の都道からそれぞれ緩やかに下って入る形だ。東西幅 40 〜 50 m、南北長さ 400 m 近い広場状の公園で、ビルのない南側からは冬も陽光が射し込む。店舗が顔を見せる両側のビル足元の広場とは境目なしにつながり、一定のピッチと振れ角でレイアウトされた植栽スペースと、自然石を組み合わせた路面やベンチが都市広場として独特の雰囲気を生み出している。

　中野駅北口の四季の森公園（2012）は、警察大学校と警視庁警察学校の跡地（16.8 ha）にあって、中野セントラルパークのオフィス棟（イースト棟／サウス棟）と二つの大学校舎（明治大学／帝京平成大学）に囲まれた 2 ha 近い公園だ。わずかにうねる緩やかな起伏と雑木林風の木立ち、ウッドデッキの歩路と豊富なベンチがさりげなくレイアウトされ、都内の駅近くでは例のない大らかさで広がっている。昼食時には樹林に囲まれたビル脇の駐車エリアに何台ものキッチンカーが店を連ね、オフィスワーカーたちが昼食に集う風景が楽しげだ。

　以上の 4 例とは異なるが、広い既存の緑が

池のほとりに建つ檜町公園のレストハウス

二つの開発地に囲まれた品川セントラルガーデン

品川セントラルガーデンの植栽と石組み

オフィスビルと大学キャンパスに囲まれた中野区四季の森公園

四季の森公園に並ぶ木陰のベンチ

三井住友海上駿河台ビルのサンクンガーデン前に広がる緑の広場

ほぼ元の姿のまま保存された杉並区の三井森公園は貴重なケースだ。三井グループ上高井戸グラウンドの跡地にパークシティ浜田山（2009）が建設された際に、以前からの森の一部をそっくり残す形で約 1.7 ha が整備され、あまり手の加わらない自然林の中を散策路が巡る。近くには、旧日本興業銀行のグラウンド跡地の森を残しながら運動施設を組み込んだ柏の宮公園もある。

(2) 個性的な庭と緑

　かつて東京の街のあちこちに見られた自然樹や草花の多くが姿を消し、今や人工的な植栽に大きく頼らざるを得ない。本来は、戸建て住宅のように小規模でも数多い敷地の緑に期待したい所だが、それを望めない現状では、大型開発にともなう緑が大きな力を発揮してくれる。とは言っても緑の整備と維持には相応の費用がかかり、残念ながら「緑のためならば家賃や分譲価格が上がっても構わない」という価値観がなかなか育ってくれない。「緑のおかげで資産価値が高まる」ようなケースがもっと増えてほしいし、姿としても「デザイン的に洗練された庭」ばかりでなく「さりげない雑木林や茂み」にも大きく期待したい。

　ここでは「頼もしい緑」「大らかな緑」「個性的な緑」など大型開発にともなって生まれた特徴的な事例を眺めてみよう。

　1985 年、神田駿河台に登場した大正海上火災本社ビル（現在の三井住友海上駿河台ビル）東側の広場に作られた雑木林は優れたつくり

だった。当時、都心でまとまった樹林を捜そうと思えば、寺社と公園以外には、外から見えにくい旧大名庭園や大型邸宅の庭が主で、2000㎡近い樹林が街路にそのままつながり、自由に憩うことのできる例はなかった。現在は、地下鉄駅の出入口増設にともなって当初の姿からは少し変わってしまったが。

ザ・ガーデンタワーズの2棟に囲まれた樹林と広場

広く開放された大型マンションの庭としては、江東区大島の**ザ・ガーデンタワーズ**（1997）が際立っている。サンライズ／サンセットと名付けられた東西二つの住居棟（39階建）が100m以上離れて建ち、その間に広がる石と緑の庭園広場（約7000㎡）は自由な散策や休憩が可能だ。中央部に埋め込まれた屋内体育室のガラス屋根が顔を見せるが、豊かな森と歩路と広場の組み合わせはちょっとした樹木園といった雰囲気だ。

大崎駅東口に接する**大崎ゲートシティ**（1999）の北側には目黒川に沿って伸びる長さ200m近い帯状の庭園（ノースガーデン）があり、

大崎ゲートシティに沿って伸びるノースガーデン

一部は和風のつくりになっている。隣接の居木橋公園までつながる桜並木の景観もなかなか見事だが、特筆したいのはビル内のアトリウムから見る庭園の姿だ。足元に豊かな庭があってもそれをビル内から眺めることのできないケースは多いが、ここでは庭の魅力がビル内にまで及んでいて素晴らしい。

同じ大崎駅東口の北方、JR山の手線と目黒川に挟まれた**大崎アートヴィレッジ**（2005〜06）の一帯には三つの高層棟（フロントタワー、セントラルタワー、ビュータワー）が並び建ち、

大崎アートヴィレッジの3棟をつなぐ緑のプロムナード

新宿グランドタワーの北側に続く並木と植込み

新宿イーストサイドスクエア北側のサンクンガーデンを覆う樹木

クロスエアタワー足元の目黒区天空庭園

木立に覆われた足元には川沿いの優れたプロムナードが伸びる。各ビルの自動車出入口がすべて西側へ集約されたことで、プロムナードは車路にまったく邪魔されない領域となり、陽射しがビルに遮られる午後は、夏の暑い時期も快適な木陰の散歩道となる。

青梅街道に面する**新宿グランドタワー**(2011) の正面側は高層棟がいきなり立ち上がる形だが、背後には三つの中低層棟が雁行して並び、自然石を配した雑木林風の広場には、表通りから想像できないのびやかさが漂う。道路沿いに並ぶ40本余りの大樹は力強い姿を見せ、隣り合う新宿フロントタワー（2011）とザ・パークハウス新宿タワー（2012）を合わせると延長400mを超える立派な並木が続く。人工的に植えられた緑にもこれほどの頼もしさがあるものかと感心させられる。

新宿イーストサイドスクエア（2012）の足元に広がる緩やかな起伏の庭園広場は素晴らしい。散策路の所々に配された池や小高い築山、高さ15m前後の高木と中低木が混ざる林、波間に漂うような全体の雰囲気は悠然として大らかだ。大小いくつかの円形の吹き抜けから見下ろすサンクンガーデンの店舗街にはいつも人が行き交い、広場を支える柱の曲面形状と相まって活きいきした街らしさが漂う。

首都高速道路の大橋ジャンクション上部に生まれた**目黒区天空庭園**（2013）は、立体道路制度（道路と建築敷地に重複利用区域を設定）の適用によって、高層棟（クロスエアタワー）と

公園と道路が一体的に組み合わさる形の再開発だ。ジャンクションの形状に合わせた帯状の公園（約7000㎡）は高低差約25m近くがループ状に結ばれ、幅15〜25mの長く緩やかな斜面には、中小樹木の間を縫うように階段とスロープが巡る。

石やタイル系の広場が多い大手町界隈で、**大手町タワー**（2014）足元の雑木林風の植込み（オーテモリ）の雰囲気は個性的だ。眺めることが主体の庭だが、街路レベルから一段下がった地下1階にも石垣に囲まれた小庭があり、2段の庭を通して見下ろす地下2階の店舗街の姿はなかなか興味深い。逆に店舗街から見上げる時に樹木越しに見える空の風景は、この界隈で稀に見る新鮮な構図と言える。

大手町タワー足元の雑木林（オーテモリ）

東池袋駅に近い豊島区庁舎**エコミューゼタウン**（2015）では、3階から10階までの壁面をエコヴェールと名付けられた緑化フレームが覆う。特に南側偶数階（4〜10階）のフレーム内側に設けられた4層分の庭園は、水が流れて魚も泳ぐ本格的なつくりで、上から下まで歩いて降りると、十分に散策気分を味わうことができる。ただ残念なことに、そのための犠牲も生じている。一つは、四周を覆う緑のヴェールによって庁舎内が薄暗くなっている点、もう一つは、立体庭園を散策する人々からの目を避けるため、庁舎南側のブラインドがいつも下ろされている点だ。壁面緑化と立体庭園のためには、室内側にもそれなりの覚悟が必要ということかもしれないが。

地下1階から見るオーテモリの下段部分

エコミューゼタウン（豊島区役所）10階の庭園広場

視点 11
隣り合う敷地／建物

　複数の開発地や建物が隣り合うケースでは、それらが個々に存在する場合とは異なる配慮が必要だ。複数の敷地間を通り抜ける道路、建物どうしの間隔や角度、敷地をつなぐ地下歩道、などの姿を眺めてみよう。

丸の内仲通り（信号のない横断歩道）

丸の内仲通り（金属製ポールによる
歩車道の境界）

　開発に際して、周囲の道路あるいは開発地内を抜ける道路としてふさわしいのはどんな姿だろうか。必要以上に大げさな整備がなされて、両側の地区が分断されてしまうケースは結構多く、そんな道路に出会うと「もっと簡素で歩車共存度の高い道を作れなかったものだろうか」と惜しまれる。特に、開発後にあまり車の通行量が増えないケースを見ると「もっとこの場所にふさわしい道路だったら、歩行者も気楽に行き来できるのに」と思えてくる。道路、特に歩道の性格は街の居心地を大きく左右するものだが、具体的な姿については行政側の方針とも関わるので、周到な計画が必要だ。

(1) 都心における2例

　少し特殊な例だが、大型ビル群に囲まれた丸の内仲通りの姿はたいへん興味深い。有楽町から大手町方面にいたる南北約1.2km、エリアの規模に比して地主の数は少なく建物の用途や性格も似通っているが、美しい並木と広い歩道、舗石タイルの車道が印象に残る。なかでも特徴的なのは、歩道と車道を分ける手すりがガードレールではなく、低い金属製

ポールが一定間隔に並ぶ点だ。当初はポール間にチェーンの掛かっている箇所も多かったが、次第にはずされて今はポールだけの箇所も多い。また東西方向の道路と交差する地点の信号が少しずつ撤去され、車が来なければいつでも気軽に渡れる点は大きな魅力だし、こんなつくりならば車の方も歩行者に気遣（きづか）いながらの丁寧な運転が成り立ちやすい。

　規模は小さいが、日本橋室町界隈にも特徴的な例が生まれている。コレド室町の３つのビルに囲まれた道や、日本橋三井タワーとコレド室町テラスの間を抜ける道だ。ともに車がゆっくり走ることを前提としたつくりで、通常の車道とは異なる舗装がなされている。前者は路面が石敷きで店舗前の足元には伝統を感じさせるデザインが施されて「和」の雰囲気が漂う。後者は砂利混じり舗装で、両側の敷地との間はごく低い竹垣で仕切られて堅苦しさがない。

（2）境界部の柵や手すり

　話は飛ぶが、アムステルダム市街の中心部を巡る運河には手すりがほとんどないため、歩行者だけでなく稀（まれ）に車も落ちると聞く。だが責任はもっぱら歩行者や運転者側の意識に委（ゆだ）ねられ、それを前提に見事な運河の景観が成り立っているとも言える。わが国はお国柄とはいえ、もっと各人の責任に委ねる度合いが増えれば、道路ばかりでなく水辺や斜面地など、各所で景観の堅苦しさが和らぐにちがいない。

コレド室町１、２に囲まれた歩車共存道路

歩車道を隔てる低い竹垣（日本橋室町界隈）

アムステルダム市街の運河に沿う駐車帯

世田谷ビジネススクエア北側のいら
か道

汐留シオサイトのイタリア街

部分的にポールが立つ大崎駅東口の
通り

　歩車道の境界部分もガードレールを止めて
ポールやチェーンに置き換えることで、圧迫
感は和らぎ景観も向上する。

　用賀駅に接する世田谷ビジネススクエアの
北側と東側の道路には瓦風のブロックが敷か
れ、歩車道の境界はごく低いコンクリート柱
（一部ガードパイプ）によって緩く仕切られる。
砧（きぬた）公園まで続くいらか道のスタート地点に
相当する場所だが車の通行は少なめで、歩道
と同じ装いの車道を車はゆっくり走る。

　汐留シオサイトの開発区で唯一JR線路の
西側に位置する**イタリア街**には新旧40棟近
いビルが建つが、汐留西公園から東西南北へ
伸びる道路は特徴的だ。歩車道が濃淡のレン
ガブロックで貼り分けられて、境界部に特別
な柵はなく車もゆっくり走る。ドライバーに
優しい運転をうながす策として、通行量の少
ない他の道路にも広く適用し得るつくりだ。

（3）　歩車共存道の導入

　交通量が少なく何本かの道路が並行して走
る地区では、その半数を歩行者専用とするこ
とでエリア全体の歩きやすさは大いに高まる。
新たな開発地が並ぶ場合には実施が比較的容
易だが、開発を終えた地区に後から手を加え
ることが可能な場所も多い。頼りになる代替
路がない場合には歩車共存を考えねばならな
いが、その際に隣り合う道路を互いに逆向き
の一方通行とすれば、歩きやすさは高まる。

　このように歩行者の優先度を高めることに
よって敷地間の緊密度が増し、街としての一

体感が高まりそうな具体例をいくつか思い浮かべてみよう。

　大崎駅東口（目黒川を越えた北側の大崎フォレストビル、オーバルコート大崎、ソニー御殿山５号館、大崎ブライトコアなどが並ぶ一帯）、**赤坂５丁目**（赤坂Bizタワーと赤坂アクトシアターの間）、**新宿６丁目**（新宿イーストサイドスクエアとコンフォリア新宿タワーの間）、**東池袋４丁目**（ライズシティ池袋と池袋アウルタワーの間）、**芝浦１丁目**（東芝浜松町ビルとシーバンスの間）、**北新宿２丁目**（新宿フロントタワーとグランドタワーの間）、**西新宿６丁目**（ベルサール新宿セントラルパークや西新宿三井ビルの周囲）、**芝浦４丁目**（芝浦アイランド・グローヴタワーとブルームタワーの間）、**恵比寿ガーデンプレイス**（商業エリアと住居エリアの間）、**平河町２丁目**（日本都市センタービルとJA共済ビル＋平河町レジデンスの間）、など。

　いずれも交通量が少なめで、近くに並行する代替路があるか、または車を遮断しても混乱の起きにくそうな地区で、ガードレールをポールやチェーンなど軽度の手すりに変えるだけでも雰囲気は大きく変わる。ガードレールは「絶対に渡ってはいけない」という表現が強すぎるが、チェーンならば車がいない時には「ちょっとまたいで渡る」ことができるし、実際に渡らないとしても「またげば渡れそうなつくり」自体にも意味がある。

(4) 棟どうしの間隔

　眺望の良さがメリットのはずの高層ビルも、似たような棟がギッシリ並べば魅力は薄らい

新宿６丁目の通り

芝浦１丁目の通り

恵比寿ガーデンプレイスの南北エリアを隔てるプラタナス通り

アイガーデンエア南地区のビル群

品川グランドコモンズのビル群

向きを45度振って建つ3棟（晴海運河）

でしまう。予期せずに接近が生じるケースはやむを得ないとしても「最初からこんな窮屈な間隔で？」と思えるケースがある。

　際立った例として思い浮かぶのは、水道橋駅南西側の日本橋川沿いに並ぶ**アイガーデンエア南地区**の4棟や、品川駅東口の**グランドコモンズ**の7棟だ。どちらもオフィスビルが主体だが、アイガーデンでは4棟が几帳面に等間隔に並び、グランドコモンズでは各棟が東西にずれたり角度が振られて並んでいるが、いずれも窮屈な配置だ。

　向かい合う壁面が近すぎる場合、そこに窓を設けないとか半透過性のガラスやルーバーで視線を遮る、建物の位置や角度を互いにずらせるなど、覗き見られないための工夫を凝らすケースは多いが、それでも室内の開放度は損なわれてしまう。外の景色に気を散らさずに仕事に専念できる場としてはふさわしいとしても、「合間にボーッと遠くを眺めて気分転換」というわけにはいかない。「遠望」は疲れた眼や心をいやす上で重要な健康策だが、それができない環境は「働き方改革に失格」ということにもなりかねない。今後、快適なオフィスやマンションが各所に増えて選択肢が広がっても人気が落ちないのは、空が見えたり遠くを眺めたりできる環境にちがいない。働くことと住まうことを分けずに考える人たちが増えている状況下では、ないがしろにできない問題だ。

(5) 45度配置のメリットは？

　晴海や豊洲、東雲など湾岸の埋立地には、向きを45度振って建つ高層マンションが多い。角度を振ることで各戸の窓は対角方向を向き、視線はより遠くまで達する。その効果は何棟か協調することで高まるから、ベイエリアのような新開地では成り立ちやすい。ただ、この協調策がどこまで可能なのか予測しにくいが、残る未利用地や新たな埋立地にオフィスやマンション以外の用途が混ざれば、協調は成り立ちにくいだろう。かりに成り立つ場合も、この建て方が2列、3列と並べばせっかくの遠望もわずかな隙間から覗くだけという状況になってしまいそうだ。

向きを45度振って建つ3棟（朝潮運河）

(6) 広すぎる地下歩道

　開発が複数の街区にまたがる時、既存の道路下で異様に広い地下通路が生まれるケースがある。たとえば東京駅丸の内側の広場下や汐留シオサイトの環状2号線下などで顕著だ。丸の内のように大型広告や照明によって賑やかさが加わるケースはまだ救われるとしても、やはりだだっ広い印象は拭えない。

東京駅丸の内側の広場下通路

　このような地下スペースにとって何か有効な使い道はないものだろうか。たとえば災害時の避難場所や備蓄スペースとしての利用も思い浮かぶが、標高が低い場所では豪雨時の浸水対策がたいへんだ。やはり現実的なのは、天井の何箇所かに開口を設けて外光や外気を取り込み閉塞感を軽減することかもしれない。

汐留シオサイトの環状2号線下通路

視点 12
大型開発 9 例

　1986 年、赤坂におけるアークヒルズの誕生以降、大川端リバーシティ、恵比寿ガーデンプレイス、六本木ヒルズ、汐留シオサイト、東雲キャナルコート CODAN、東京ミッドタウンなど 5 ha を超える大規模な再開発が引き続いて登場した。また品川駅東側地区や大崎駅周辺地区では複数の開発が並ぶことで大規模な市街地改造が実現している。これら 9 例について、その構成を概観してみよう。

(1) アークヒルズ（1986 年）

　住宅密集地における大型再開発の先駆けで、1967 年のスタートから完成まで 20 年近くを要し、地権者の 8 割近くが転出してしまうという痛みもともなったようだ。区域は赤坂 1 丁目から六本木 1 丁目まで 5 ha を超える範囲に及び、オフィス、店舗、ホテル、集合住宅のほか、音楽ホールや放送局などを含む。

　六本木通りに面する正面側に、オフィス棟（アーク森ビル）とホテル棟（ANA インターナショナルホテル）が並び建ち、背後の台地上まで 20 m 余りの高低差がある。台地上には高層住宅 2 棟（アークタワーズイースト／同ウェスト）と低層住宅 1 棟（同サウス）が建ち、中間の斜面にサントリーホール（大小 2 組のステージと客席）が埋め込まれている。

　オフィス棟の足元（1〜3 階）には 40 余りの店舗が入り、2 階の店舗街から背後へ抜けた位置に滝の落ちるテラス（アークカラヤン広場）が広がり、ここにサントリーホールのエントランスが顔を見せる。ホール上部を覆う庭は、住居棟まわりのいくつかの庭と少しず

アークヒルズ　首都高速 3 号線越しに見るホテル棟（左）とオフィス棟

つ異なるレベルでつながり、その間を巡る歩路と階段をたどることで、背後の住宅街まで抜けて行くことができる。自由に通り抜けできる歩路と庭の存在によって、開発地と背後の街の間に好ましい連続性がもたらされている。

　既存の街や地形とのこんな好ましい関係とは別に、外見上いくつか気になる点もある。一つはカラヤン広場を覆うガラスのごついシェルターだ。可動式とはいえ、動かす機会が少なければもっと軽やかな固定フレームの方が開放感が生まれるにちがいない。もう一つは、大きな二つのブロックがわずかにずれて接するオフィス棟だ。縦ラインを強調したファサード自体はスッキリしているが、鈍重な印象を和らげてくれるはずのわずかなズレが中途半端な印象を生んでいる。両ブロックを少し離してガラス廊下などで結べば、もっと軽やかな印象が生まれただろうと思える。

　建物内部は、オフィスのエントランスロビーと店舗街とのさりげない関係が好ましく、この特徴が後に加わる隣りのサウスタワーにも引き継がれたことは嬉しい。

ガラスシェルターの架かるアークカ
ラヤン広場

フォーシーズンズガーデンからアー
クカラヤン広場を見る

(2) 恵比寿ガーデンプレイス（1994年）

　JR恵比寿駅の南に位置するサッポロビール工場跡地の再開発で、オフィス、店舗、ホテル、集合住宅のほか、記念館と美術館を含む多様な構成で1994年に開業した。恵比寿駅寄りの北側エリアには、中央広場を囲む位置に数棟の建物（ビヤステーション、ガーデンプ

南側の住宅地につながる住居棟（ア
ークタワーズ）の出入口

恵比寿ガーデンプレイス　高層棟
（ガーデンプレイスタワー）と足元
のエントランスパビリオン

レイスタワー、恵比寿三越、ザ・ガーデンホール、
ガーデンテラス弐番館、レストラン）が並び、そ
の外側にはヱビスビール記念館（サッポロビー
ル本社ビル）と東京都写真美術館が建つ。

　中央を東西に貫くプラタナス通りの南側エ
リアにはウェスティンホテル東京のほか、集
合住宅2棟（ガーデンテラス壱番館、恵比寿ビ
ュータワー）が建つ。建物用途はこのように多
様だが、互いに脈絡なく並べられた印象が強
く、全体としての街らしい一体感を感じるこ
とが難しい。
　施設全体のエントランスは、恵比寿駅から
スカイウォーク（動く歩道）を乗り継いだ後、
くすのき通りを渡った所にある。レンガ風の
パビリオンを脇に見ながらビヤステーション
前を過ぎると、歩路はサンクンガーデンのセ
ンター広場へ向かってなだらかに下りてゆく。
広場を覆うアーチ状のガラスシェルターはか
なり巨大で威圧感があるが、並木に囲まれな
がら下がる道自体はなかなか心地良い。次い
でシェルターの先に現れるシャトー風の館に
はビックリさせられる。ディズニーランドの
正面にそびえるシンデレラ城にも似た構えで、
ふとテーマパークへ来てしまったような錯覚
を覚える。また、広場左側に沿って伸びるウ
ィンドウがすべてデパート売場であったこと
に驚かされ（現在は新たな店舗開設に向けて準備
中）、さらに右側に顔を見せるのが薬局と携

ガラスシェルターの架かるセンター
広場へ向かって下りる緩やかなスロ
ープ

帯電話ショップだけ（2021年時点）という点には違和感を覚える。この広場ではイベント開催も多いようだが、それを囲む店舗としては不似合いな内容だ。

　日常的に賑わってきたのはエントランス近くのビヤステーションとグラススクエア地階の店舗街だが、通常の店舗街やビヤホールと同じくビル内に封じ込められていて魅力に乏しい。もしこれがセンター広場に面する位置にあれば、屋外席も大幅に設けることができ、広場にふさわしいにぎわいが生まれて、まさにビール会社にふさわしい楽しげな場に変身できるにちがいない。

センター広場に接する高層棟の足元とテラス

　施設全体を見渡すと、ほかにもいくつか不自然なレイアウトがある。線路際の窮屈な位置に押しやられた形の東京都写真美術館と、センター広場から店舗売場を隔てた背後に位置するヱビスビール記念館だ。写真美術館は北と東どちらから行くにしても奥まった位置で分かりにくく、東側にはガーデンホール（多目的ホール）が立ちはだかっている。ビール記念館の方は、アプローチ路の途中に店舗が大きく広がっていて存在が分かりにくい。

グラススクエア（左）の脇から見る東京都写真美術館（右）

　もう一点、明治以来100年近い歴史を持つビール工場跡地にもかかわらず、その痕跡がほとんど残されなかったのは残念だ。かつての姿は記念館に展示される模型や写真で見ることができるが、実体として残るのはサッポロ広場の桜の巨木だけだ。開発直前まで建っていたレンガ造倉庫の一部でも保存されれば、ありし日の姿をもっと実感できたにちがいな

センター広場から見る2本のレジデンス棟とガーデンホール（低層棟）

ヱビスビール記念館の入るサッポロ
ビール本社ビル（左）と低層棟（右）

ガーデンプレイスタワーの2階ロビー

大川端リバーシティ　西ブロック南
の池から東ブロックを望む

い。

　なお、ガーデンプレイスタワー頂部の2層にわたる飲食店舗街の一角にはそれぞれ展望エリアが設けられて、38階からは新宿、渋谷、世田谷方面を、39階からは麻布、六本木から芝浦方面まで見渡すことができる。近年は高層棟に展望階のないケースや、あっても有料のケースが多く、ここの無料展望エリアは優れた配慮と思える。

　地区の中央を東西に貫くプラタナス通りは交通量に比して車道が広く（上下1本ずつの走行車線と両側の広い駐車帯）、南北のエリアは地下道で結ばれている。道幅が広いため地上の横断歩道より地下通路の方が便利だが、長く続く殺風景なトンネル内の印象は憂鬱だ。プラタナス通りは東西に250mあり、中間部を掘り下げて地上レベルを歩路で結べば、両エリアの間にはもっと一体感が生まれるにちがいない。

（3）大川端リバーシティ（1988～2000年）

　明治初期（1876年）の造船所開設に始まる石川島播磨重工業の工場跡地再開発で、隅田川と晴海運河の分流点に位置する。1988年から2000年にかけて、住居、オフィス、商業施設、スポーツ施設などが順次建てられた。東西の水面に沿って伸びる二つの区立公園（石川島公園、佃公園）と開発区域の公開空地の緑が切れ目なくつながるオープンスペースは大きな魅力だ。都心近くではなかなか味わえない大らかな水辺の気分が溢れている。

全体像としては、敷地を南北に貫く中央幹線路（補助305号線）に沿って並ぶ中低層建物と、外側の両水面近くに立ち上がる高層棟といった対比の構図を想定したい所だが、実際にはいくつかの無雑作なレイアウトのために、そのイメージがボヤけてしまっている。

東ブロックでは中央幹線路に沿って中・低層棟が並び、水辺の側に二つの高層棟が建つ。

補助305号道路に沿う東ブロック低層棟のパーゴラ

だが道路沿いの棟が途切れ途切れで連続性に欠け、歩行空間としての魅力が今一つだ。5号棟のようにパーゴラの間から奥を見通せるつくりや、6〜8号棟のように足元に店舗を抱えるつくりはそれぞれ好ましいが、道路からの後退距離がまちまちだったり、道路側のデザインがバラバラなために一貫した魅力が生まれにくい。またブロックの南端を閉ざす形で建つ高層棟が閉塞感をもたらしているのは残念だ。ここには視線や動線がブロックの外へ抜けて行く隙間がほしかった。さらに、北東部の高層棟ギリギリの位置に挿入されたスポーツ施設はかなり苦しい配置だ。

東ブロックの高層棟と人工地盤上の広場

東ブロックの広場で気になるのは、金属製のゲートやフォリーと、地階駐車場の開口部のつくりだ。この広場には、人目を惹くモニュメンタルなゲートやフォリーよりも草や石やウッドデッキによるさりげなく日常的な雰囲気が似合うし、駐車場の開口のつくりが大げさなために広場を狭めてしまっているのは残念だ。北、西ブロックのように植栽で上手に隠してほしかった。

北ブロックは、幹線路に沿う二つの中層棟

補助305号道路に面する西ブロックの低層棟（ピアウェストスクエア）

西ブロックの中庭広場から北ブロック方向を見る

佃島公園から西ブロックの高層棟を見る

対岸の新川地区へ向かう中央大橋

（Mスクエアと共同通信研修交流センター）の印象が不揃いなのが惜しまれる。高さを揃えボリュームの違いを長さで調整すれば、もっと連続性のある姿となり得たにちがいない。当初、北ブロック全体が商業施設として計画されながら、経済状況の変化（バブル崩壊）によって用途が見直されたようだが、各棟の位置や形状がそれに対応しきれないまま進行したように思える。

　西ブロックには、五つの住居棟（高層3、中層2）と三つの低層棟（シニアセンター、スポーツ施設、管理棟）が建つ。中央幹線路の側に顔を見せるのは高層2棟の足元をつなぐ低層棟（ピアウェストスクエア）で、この地の歴史を紹介する石川島資料館が中に入る。そのせいもあってだろうか、1階には自由に入り、抜けて行けるエントランスホールがあって、くつろげる椅子も置かれている。エントランスホールから樹木と植込みの広い庭を抜けて河畔の佃公園まで歩いて行くこともできる優れた構成だが、南西側への視線を遮る形で建つ14階建の棟は中途半端な存在だ。斜面を下りた先には池を配した庭園があり、さらに小運河を隔てた向かい側には小さな間口の敷地割を特徴とする佃地区の街並みもわずかに残る。そこまで見通すことは無理としても、江戸期以来のこの地区との対比をもっと意識したレイアウトがほしかった。

(4) 六本木ヒルズ（2003年）

　六本木6丁目の10ha余りの敷地に、約17

年を費やして実現した再開発。元は密集住宅地のほか、公団住宅やテレビ朝日など400近い地権者があり、オフィス、商業施設（店舗・レストラン・ホテル）、映画館、放送局、集合住宅などの用途で構成される。

多用途が複雑に集積する中にあって、輪郭を構成するプロムナード軸としてとらえやすいのは、高層棟（森タワー）の足元をぐるりと巡るルートだ。六本木通りから1フロア上がった2階レベルの正面広場（66プラザ）を起点に、森タワー足元右側の入口を入って渓谷状のアトリウムを進み、南側の大屋根プラザからアリーナの脇を経て元の66プラザへ戻るルートがそれにあたる。アトリウムの足元からウェストウォーク（6層の店舗街）へ上がると、売場を巡るループ状回廊は閉鎖的だが、2箇所でアトリウムに接して、位置と方向が把握しやすい。

もう一つのプロムナードは、66プラザの東端部から1階の店舗街へ下り、テレビ朝日ビルに面するイベントスペース（アリーナ）の大屋根を見ながら、けやき坂通りの上をブリッジで渡り、レジデンス棟エリアへ抜けるヒルサイド側のルートだ。先のメインプロムナードの背後に隠れた気づきにくい位置だが、敷地の高低差のため、毛利庭園に接する地下2階までの3層分がすべて外気に接している。

前者はいつも賑わう「動のプロムナード」なのに対して、後者はちょっと目立たない存在だが、落ち着きある「静のプロムナード」といった性格だ。

六本木ヒルズ　森タワー（中央）と2本のレジデンス棟（右）

ウェストウォークのエントランスへ向かう66プラザのガラスシェルター

ホテル棟（左）とウェストウォーク（右）に囲まれた渓谷状アトリウム

毛利庭園からヒルサイド側の店舗街
（右）とアリーナ（左）を見る

レジデンス棟の間を抜けるプロムナ
ード

正面中央のメトロハットから館内へ
直接入ることはできない

けやき坂通りを挟んで四つのレジデンス棟が建つエリアにも30以上の店舗が入り、緑に囲まれた小広場をつないで歩路が巡る。

全体の中でもっとも特徴的なシーンは、やはりタワー棟とホテル棟の間を渓谷状に伸びる4層分のアトリウムだ。J.ジャーディーならではの吹き抜けは、一度に全体を見渡すことはできないが、進むにつれて少しずつ先が見えてくる構成で、両側に崖を見上げながら渓谷を進む時の感覚に似て不思議な期待感を抱かせる。空間を切り裂くこの谷のおかげで、大規模施設の中で見失いがちな位置感覚も大いに助けられる。

なお、六本木駅から正面の六本木通りを経てアプローチする際に一つ難点がある。最初に目に入るのは大きなガラスの円筒（メトロハット）だが、地階から直接2階へ向かうエスカレーターが上下するだけで出入りはできない。「隣りの大階段を上るしかなさそうだ」とためらいながら進むと、その先にやっと上りエスカレーターが現れる。初めて訪れる者にはちょっと分かりづらいつくりだ。

（5）汐留シオサイト（2003年）

汐留シオサイトは、旧国鉄の汐留貨物ターミナルの跡地に周辺の地区を加えた超大型開発だ。JR新橋駅に接する1区（A、B、C街区）を起点に、南へ続く2区（D北、E街区）と3区（D南街区）、その先はイタリア公園を経て4区（H、I街区）へ続き、さらにJRの線路を隔てた西側の5区（イタリア街）までを含む範

囲に及んでいる。道路や線路を含む全体の広がりは30ha以上、南北長さが1km以上におよび、ひとまとまりの街として感じとれる規模をはるかに超えている。旧操車場のあったA街区からE街区までは2階レベルの歩行デッキと地下通路で結ばれて一体感があるが、イタリア公園を隔てたH、I街区はむしろ隣りの浜松町駅圏のエリアにあり、線路を隔てた西街区（イタリア街）はまったく別の街と言ってよい。

新橋駅に近いA、B、Cの3街区には6棟の高層ビル（汐留シティセンター、パナソニック東京本社ビル、電通本社ビル、汐留アネックスビル、日本テレビタワー、汐留タワー）が建ち、足元には駅の地下通路へつながるサンクンガーデン状の広場が広がる。各ビルのエントランスまわりはそれぞれベンチや植込みのある小広場の雰囲気で、上方は空へ向かって開かれ、10m近い高さを歩行デッキが結ぶ。

C街区から南のD北街区やE街区へは歩行デッキを進むのが分かりやすいが、雨風や寒さを避けたい時には地下通路が便利だ。ただし環状2号道路下をくぐる部分はかなり長く、ガランとした広場状の通路を延々と歩かねばならない。

D北街区には、デッキ状広場に面してホテルコンラッドと住友不動産ビルが、少し奥まった位置には日本通運ビルが建つ。住友不動産ビル足元の広々とした吹き抜けロビーは、そのままD南街区へ抜けるルートとしても歩きやすい。E街区はJRとゆりかもめの線

汐留シオサイト　「ゆりかもめ」の高架線路越しに見るA～E街区のビル群

B街区のビル群（汐留シティセンター、パナソニック東京本社ビルなど）

B、C街区の日本テレビタワー、汐留タワー、汐留シティセンターなど

H、I街区のビル群

イタリア街中心部の汐留西公園

汐留シティセンターに面するサンク
ンガーデン広場

路に挟まれた三角地で、入口に汐留メディア
タワー（共同通信社）が建ち、その奥にトッパ
ン・フォームズ本社ビルが正面を一般歩道の
側へ向けて建つ。

　D南街区へは、D北街区の住友ビルの脇、
または同ビル1階のロビーを経て、終端部か
らは植栽のある歩行用ブリッジを進む。この
辺りまで来ると駅からの人の流れは減り、近
隣者の散歩姿が目立つようになる。街区内に
ある2棟の高級マンションは、緑に囲まれた
歩路の間にエントランスがさりげなく組み込
まれ、周囲との違和感は少ない。

　JRの線路を隔てた西側のイタリア街は、
10余りの街区に40棟近い中層ビルが建つユ
ニークなエリアで、アースカラーを基調とし、
ポルティコやアーチ窓を備えたビルが目立つ。
石畳みの車道や三角形の汐留西公園などがイ
タリア風の街並みを感じさせてくれるが、い
くつか残念な点もある。建物ごとのデザイン
がある程度バラバラなのは良いとしても、道
路に面する1階壁面にポルティコを連続させ
るとか、玄関部の階段のつくりを揃えるとい
った工夫によって、もっと一体感が演出でき
たにちがいない。また三角広場に面する位置
に店舗が少ないのは残念だし、ベンチ以外に
噴水などが加わればさらに雰囲気は高まるに
ちがいない。

　シオサイトの全体については、各ビルの配
置と形状が海からの風を遮ってしまう点が当
初から懸念されたが、汐留センタービルや電
通本社ビル、パナソニック東京本社ビルのよ

うな弧状や紡錘形のビル群を上手に配置することで、海風をうまく内陸へ導くこともできたのではないだろうか。また、これに対して、隣接する汐留タワー（資生堂）や日本テレビ本社ビルなどの直方体形状は少し唐突な印象だ。南側の住友ビル辺りまでを含めた全体について、風の流れやすい配置を探る工夫ができたにちがいない。

街区どうしを結ぶ道として歩行デッキと地下通路があるが、両者にはそれぞれ長短ありそうだ。地下通路には雨風に邪魔されない便利さがあるが、方向感覚を惑わされやすく、サイン等に頼らねばならない。一方、デッキの方は雨天時や炎天下にはちょっとつらいが、ビル名の記憶が曖昧でも位置や方向がつかみやすく、感覚を頼りにたどり着くことも可能だ。

なお、前述の通り（66頁）、復元された旧新橋停車場の姿が汐留シティセンターに隠されて、新橋駅側からのアプローチの際に気づきにくいのは残念だ。

(6) 品川駅東口地区 （1998年／2004年）

品川駅東側の旧国鉄操車場跡地には、公園広場を挟んで向かい合う二つの再開発地区がある。東側の品川インターシティ（1998）と、西側の品川グランドコモンズ（2004）だ。両者の間に広がるセントラルガーデンは、南北約400m、東西40〜50m、それぞれの公開空地と港・品川両区の公園を合わせる形で作られた。東西両地区の2階レベルには駅から

日本テレビタワーと汐留タワー前に
広がるサンクンガーデン広場

品川駅東口地区　セントラルガーデンを囲むグランドコモンズ（左）とインターシティ（右）

弧状のシェルターが架かるインターシティ側のスカイウェイ

インターシティ B1 階から 3 階までの店舗街をつなぐアトリウム

七つのビルを貫くグランドコモンズ側のスカイウェイ

伸びる立体歩廊（スカイウェイ）が巡り、途中2本のブリッジが公園広場をまたいで両地区を結ぶ。北側には港区の「汐の公園」が、南側には港・品川両区の「杜の公園」が設けられて、樹木と石を主体とする幾何学的なレイアウトが東西のビル群と不思議なコントラストをなしている。

東側の品川インターシティには三つの高層棟（A、B、C棟）と二つの低層棟（ショップ・レストラン棟／ホール棟）が建つ。緩やかに湾曲するスカイウェイと低層棟の間の隙間は、地下1階から地上3階まで吹き抜ける雄大なアトリウムで、大屋根の下を走るスカイウェイからは4層にわたる店舗街の重なりを望むことができる。アトリウムの最下階（B1F）には自由に座れる椅子テーブルが多く並び、フロアはガラス面を超えてそのままセントラルガーデンのテラスへ広がっている。全体としての一体感に優れ、各階にまたがる視覚的なつながりとアクセスの明快さが、スムーズで楽しげな人の流れを生んでいる。

西側の品川グランドコモンズには、7棟のビル（品川イーストワンタワー、太陽生命品川ビル、品川グランドセントラル、三菱重工品川ビル、キヤノンSタワー、オークウッドレジデンス、品川Vタワー）が近接して並び建つ。駅から伸びるスカイウェイが各ビルの足元を2階レベルでつなぎ、それ自体は明快で歩きやすいのだが、各ビル内の店舗や足元広場とのつながりがぎこちなく、たまに訪れる者にとっては上下の施設や店舗との位置関係がとらえにくい。セ

ントラルガーデンとの接触度も物足りないが、以下の諸点に何らか工夫の手を加えることで、改善も期待できそうだ。すなわちビル内各所のガランとしたロビーと広い廊下、セントラルガーデンに背を向ける形で中廊下に沿う店舗群、ベンチもなく閑散とした太陽生命ビル前の広場、大げさな車路が占有するグランドセントラルビルと NBF ビル玄関前の植栽広場、などだ。

なお、この地区に並び建つ7棟は、壁面どうしが近接しすぎぬよう、位置を東西にずらせたり角度を振ったりと苦肉のレイアウトがなされているが、窮屈な印象はまぬがれない。せめて5棟ぐらいにまとまれば、もっとゆとりのある構成が成り立ったにちがいない。

(7) 東雲キャナルコート CODAN（2003～05 年）

東雲駅の北方に林立する40～50階建の塔状マンションに囲まれる形で、東雲キャナルコート CODAN と名付けられた約5haのエリアがある。エリア内の六つの街区には、共通のルールにもとづきながら、異なる設計者による6通りの中低層棟（最大14階）が建つ。エリアの中央部を幅約10mの歩行用プロムナード（S字アヴェニュー）がうねるように走り、二つの小広場を介して外側の環状路へ開かれている。アヴェニューに面する1階まわりには、店舗やクリニック、保育所、デイケアセンター、子供教室などが入り、外側の超高層ビル群からの利用者たちも加わって人通りは多い。

インターシティ（右）のスカイウェイからグランドコモンズ（左）を見る

セントラルガーデンの歩路と樹木

東雲キャナルコート CODAN　歩行デッキが結ぶ1街区（右）と2街区（左）

4階レベルまで上って行ける3街区の大階段とウッドデッキ

大型テーブルが並ぶ4街区2階のデッキ状広場

低層棟と中層棟に囲まれた5街区の中庭広場

六つの街区に共通な特徴として、①14階建中層棟の内側に低層棟を組み合わせる、②1〜2階レベルに自由に入れる公開エリア(デッキ、植栽など)を配する、③中層棟にコモンヴォイド(2階分が吹き抜ける共用バルコニー、内側への採光と通風も担う)を設ける、などだ。

街区それぞれの特徴としては、下のアヴェニューを見下ろせる2階レベルの歩路とデッキ(1および2街区)、ショップ・植込み・デッキ状ステージを備え4階レベルまで達する幅広い階段(3街区)、大型テーブルと椅子の置かれた2階レベルのデッキ状広場(4街区)、南北が開いた中低層棟間の中庭(5街区)、2階レベルの広場へ続く緩やかな芝生の斜面(6街区)、などを挙げることができる。

このCODANエリアでは、通常の集合住宅づくりとは異なるいくつかの試みが模索されている。一つは、高層化によって足元のオープンスペースを広くとるのではなく、中低層棟の組み合わせによって密度の高い住棟関係を作り、そこに「街らしさ」を生み出そうとする試み。二つ目は、各住戸を均等な条件で整えようとする公平性ではなく、方位や棟どうし、庭との関係の中に多様性を見出そうとする試み。三つ目としては、住棟の足元部分を広く人々に開放しようとする試みだ。

それぞれ良い結果が生まれていると思えるが、三つ目については難点もある。2階のデッキや広場を誰もが利用できることは好ましい反面、これに面するユニットを住居として利用できる人は限られてしまいそうだ。ミー

ティングやワーキングのスペースとして使う場合には構わないとしても、カーテンを閉じたままの住戸があったり、空室になっていたり、というケースが結構見られる。

(8) 東京ミッドタウン (2007年)

旧防衛庁と自衛隊駐屯地が市ヶ谷へ移転した跡地の再開発で、港区の檜町公園の整備と一体的に計画された。54階建のオフィス棟を中心に、ショップ、レストラン、ミュージアム、ホテル、住居棟、医療施設などを含んで、2007年に開業した。中央には、ホテルを含む三つのオフィス棟（タワー棟、ウェスト棟、イースト棟）がプラザという名のエントランス広場を囲んで建ち、北側には店舗の入る低層のガレリア棟が、東南側の離れた位置にはレジデンス棟が建つ。

中・高層棟のファサードに組み込まれたテラコッタ製のパネルが金属とガラスの冷たさを和らげてくれ、四角いビル形状に温かみを添えている。また現地ではちょっと実感しにくいが、五つの棟は互いに少しずつ角度を振る形で置かれ、内外の各所にはわずかずつ歪みが生じている。正面の外苑東通り側からキャノピー（ガラスの大型シェルター）へ向かう広場は奥へ向かってわずかに狭まり、キャノピー下を左へ折れてウェスト棟に向かう時、さらにわずか狭まることになる。キャノピーは施設全体にとっての顔でもあり、ちょっとしたイベントにも対応できる形のようだが、通常時はかなり過大で威圧的な印象だ。

6街区2階に向かって緩やかに上る斜面状の芝生広場

東京ミッドタウン　中央部を構成する3本のオフィス棟

ガラスのキャノピーが架かる正面広場（プラザ）

オフィス棟（左）に寄り添うガレリア棟

檜町公園へ続くガレリア棟東側のコートヤード（ウッドデッキ広場）

オフィス棟の地下1階レベルには、周回できる通路が高層3棟とガレリア棟の足元をつなぐ形で巡り、東端のコートヤード（ウッドデッキの広場）を経て、屋外へ抜けて行くことができる。地下1階から3階まで4フロアにわたるアトリウムを囲むガレリア棟には、100余りの店舗が並び、広々とした通路と相まって落ち着きが感じられる。飲食店以外の店が多いせいもあり、人通りの少ない時にはミュージアムを思わせる雰囲気だ。

敷地全体は北東へ向かって緩やかに下り、地下1階店舗街からはコートヤードを経てそのまま広場へ抜けて行ける。その先に檜町公園が広がるが、車路を横切って行かねばならない。1階レベルには連絡橋があるが、車路の一部を地下2階へ沈めることができれば、地階の店舗と公園の間にはもっとスムーズな関係が生まれるにちがいない。

ガレリア棟へは先の巨大キャノピーの側からも入れるが、表通りに面したエントランスが別にあるため、動線上はちょっと分かりにくい。

(9) 大崎駅周辺地区 (1987年〜)

大小多くの工場と住宅が高密に混ざり合っていたJR大崎駅の周辺地区は、東京都長期計画 (1982) によって7副都心の一つに指定され、大崎ニューシティを皮切りに、ゲートシティ大崎やオーバルコート大崎が登場した。さらに2002年に都市再生緊急整備地域に指定されて以降、20棟以上の大型ビルが誕生

することで街の姿は大きく変化することになった。エリア全体を、(1) 山の手線と目黒川に挟まれる中央エリア、(2) 大崎駅西口に接する南西エリア、(3) 目黒川以北から五反田駅方向へ広がる北東エリア、の三つに分けて見てみよう。

中央エリアには、初期の大崎ニューシティ (1987年) と最大規模の大崎ゲートシティ (1999) のほか、大崎センタービル (2009)、大崎アートヴィレッジのフロントタワー (2005) とセントラルタワー (2006)、さらに大崎ビュータワー (2006) とル・サンク大崎シティタワー (2007) が北へ向かって直線状に並ぶ。北端の大崎シティタワー以外はすべてデッキとブリッジで結ばれるが、デッキ下のレベルにも景観的に優れたエリアがある。一つはゲートシティの北側に沿って小関橋から居木橋まで約400m続く緑のゾーンで、樹木も多く和風の庭園エリアを含んで、南端部は居木橋公園の緑へつながる。もう一つは北へ向かう大崎アートヴィレッジのエリア、特にフロントタワーからセントラルタワーを経てビュータワーにいたる約250mの散策広場だ。ビルと目黒川の間に木立の遊歩道が伸び、落ち着いた樹林の散策が心地良い。

南西エリアには、駅近くから順にシンクパーク大崎 (2007)、NBF大崎ビル (2011)、大崎ウィズタワー (2014)、大崎ウェストシティタワー2棟 (2009) のほか、数棟の中小ビルも建つ。もともと高低差の大きいエリアだが、不整形だった道路パターンをそのまま引き継

大崎駅周辺地区　大崎ゲートシティの2棟 (右) と大崎ニューシティ (左)

ゲートシティの北側に続く庭園風の緑地ゾーン (ノースガーデン)

目黒川に沿って伸びる大崎アートヴィレッジ東側のプロムナード

目黒川を見下ろす大崎センタービルの階段状テラス

南西エリアのビル群（右からシンクパークタワー、NBF 大崎ビルほか）

NBF 大崎ビルの足元を覆う緑の斜面

ぐ敷地形状とビル足元の豊かな植栽が特徴的だ。特に緑の人工斜面に包まれた二つのビル（シンクパークプラザと NBF 大崎ビル）の足元には遊歩道が巡り、ウェストシティタワー（2棟）の1階部分には大型緑化フレームが立つ。

　北東エリアは、駅近くの大崎パークシティ（2015）を構成する3棟（ブライトタワー、ブライトコア、ザ・タワー）から五反田駅方向へ向かって、オーバルコートの4棟（2001）、大崎フォレストビル（2001）、パークタワー・グランスカイ（2010）、プラウドタワー東五反田（2008）などが続く。このエリアには街区どうしをつなぐデッキやブリッジはなく、4棟が中庭を囲むオーバルコート以外には歩行者専用エリアもない。およそ100ｍ間隔で南北に走る各道路の交通量は少なめなので、1本おきに歩車共存道とし、東西に走る数本の道にも何らかの手を加えることで横断歩道の数は減り、街区間の移動がずっと楽になるだろう。またこの地区には大型ビルが直接目黒川に接する敷地がないため、二つの公園（御成橋公園と古関橋公園）以外に河畔を活かした景観は見当たらない。

　なお、以上三つのエリアとは別だが、新幹線のガードをくぐった南側に大崎ガーデンシティ（2018）がある。東西を線路が走るが、タワー棟とレジデンス棟の間の広場は落ち着きのある心地良い一角を作っている。

第 2 部

都市デザインの
新しい視点と手法

1章
都市の視点から

1-1　ビルの景観

現代都市の景観　大都市、特に高層ビルが並び建つ都市景観を論ずる際には、景観といっても自然景観や田園景観、歴史集落の景観などとは異なる視点が必要だ。後の三者にはそれぞれ分かりやすい特徴が存在することが多く、共通の景観要素を見つけることが比較的容易で、修景の手を加える際にもその共通項を頼りに進めることが可能だ。だが現代の都市景観の場合は、建物の形や規模、色彩や材料が多様に混ざり合っていてなかなか難しい。昔、変化の少なかった時代には工法や材料が限られていて、同じ地域ならば作り手に関わりなく似た印象の建物が生まれやすかったし、規模が極端に異なることもなかった。だから集落や街が全体として調和のとれた景観へ収れんしてゆくことがごく自然な流れでもあった。だが今日建築技術や工法・材料は日々進化し、それを反映して全体の姿や形も目まぐるしく変化している。そんな中から共通の特徴や一貫した美の尺度を見つけることは容易ではなく、それにこだわりすぎればかえって不自然な結果を招くことになりかねない。

　市街地のビルには無数の建築主が存在し、建て替えの時期もまちまちで、古いビルと新しいビルとは常に入れ替わっている。昔の集落にも建て替えはあっただろうが、大きく異なるのは工法や使用材料が変化するスピードだ。今日、数万 m² の大型建築や数 10 階建の高層ビルが可能になった一方で、2 ～ 3 階建の小さな建物にもそれぞれ固有の価値がある。特に近年は鉄やコンクリートだけでなく大型木造建築の復権もめざましい。

　現代の目まぐるしい変化のすべてが好ましい進歩とは言えないまでも、その多くが人々の生活に役立っていることは間違いない。もしここで、形態・材料の統一や一貫性にこだわりすぎれば、進歩によって得られるはずの優れた成果まで抑え込んでしまうことになりかねない。過去の貴重な姿をそのま

ま保存したり、復元したりといった特別なケースを除けば、現代の景観にとって好ましいのは変化の余地を十分に許容できるルールのはずだ。むろん野放しというわけにはゆかないだろうが、一体何を目指して進んだら良いのだろうか。

ビルの高さを揃える？　新たな高層ビルが登場する際の景観論議でいつも沸騰しやすいテーマは「高さ」であり、そこで飛び交うのは「高すぎる」とか「突出している」といった言葉だ。近隣者にとっては、圧迫感や威圧感、日照障害などへの不安や懸念が大きいとしても、少し離れた地区の人たちの議論の先は、遠方から眺めた時の姿へ向かいやすい。まさに景観そのものが議論の対象となるわけだが、その時「高さが揃っていることが美しい」とする美意識が多くの人々の間で共有されやすい。それはなぜだろうか。

　このような美意識の根底には多分、パリの都心部に代表されるようなヨーロッパ型バロック都市の市街地景観や、あるいは1960〜70年代に皇居内濠に面する日比谷・丸の内地区が有していた統一的なスカイラインのイメージなどがあるのだろう。

　「高さが揃っていてほしい」という気持はごく自然な感覚として理解できる反面、それとは逆のマイナスイメージも拭えない。たとえば戦後、特に社会主義圏などで多く作られたアパートや工場団地の姿を思い起こしてみよう。はたしてこれが好ましい景観だろうかと思わせる違和感がある。統一性とい

皇居内濠の景観（1970年代）　東京会館（12F）と東京海上ビル（24F）が高さ31mを超える形で建ち始めている。

パリ市街地の街並み（1980年代）の姿は今も大きく変わっていない。

うよりも画一性の点でとことん徹底しており、生き生きとした景観美ではなく、強制的な意図による束縛感や窮屈さが目立ってしまうからだ。「高さを統一すること」には良い面と悪い面、相反する二つの面がありそうだ。

　それでは、現代都市のビル景観を考える際に「高さや形を揃えること」ではなく、何か別の目標を見つけることは可能だろうか。

居心地を最大化できる街の姿　多様なビルが建ち並ぶ現代の都市景観を考える際の目安として、絵画的な美しさや調和といった美意識とは別に、「より多くの人々にとっての居心地を最大化できる街の姿」を想定してみてはどうだろうか。それは逆に「より多くの人々の犠牲と忍耐を最小化できる街の姿」と言い替えてもよい。「街の姿」とは見え方よりもあり方が重要で、「より多くの人々」とは、ビルに関わりのあるすべての人々、すなわち当事者（建築主や直接利用者）のほかに、周辺者（近隣者や通行者）も含めて考えることにする。

　ビルの登場にともなって生じる環境変化には必ずプラス面とマイナス面があり、一般にビルの当事者側はプラスの恩恵を受けやすい。だから逆に、マイナスの影響を受けやすい周辺者の側がプラスの恩恵をどれだけ受けられるかが重要になる。建築主が直接利用者の利便性と快適性を目指して建てるのはごく当然のことだが、同様の配慮が周辺者に対してどこまで及んでいるだろうか、という視点である。

　「より多くの人々の居心地を最大化する」ためにはこの双方への配慮が必要で、それが充たされた時に始めて「優れた景観」と呼ぶことにしよう、ということだ。「より多くの人々が心地良さを感じることのできるつくりならば、それが具体的な形として外側に表れてくるにちがいない。それを美ととらえよう」という立場であり、「器の形」を鑑賞する目だけではなく、「器の中身」までとらえようとする目と言ってもよい。

　「景観」が、見た目の美しさを超えて居心地や使い心地の良さまで含むことになるが、そうなるとビルを遠方から眺める時の遠景観のほかに、足元へ近寄った時の居心地すなわち近景観も重要になってくる。

ビルへの親近感と建てる側のメリット　周辺者にとっての居心地は、ビルへの親近感の度合いにも大きく関わってくるが、周辺者がビルに愛着や親密さを感じられるかどうかは、足元のつくりと共に頂部のつくりにも関わっている。足元とは文字どおりビルの低層部や広場、歩路などのつくりを指し、頂部とはビルの最上部、それも外見上の姿よりもそこに入ることができるか、利用できる場なのかといった中身のつくりを指す。

　ビルを建てる側にとって、建物本体の使い勝手や建設費の大小が最大の関心事であることは当然だろうが、加えて、近隣者や通行者にとっての親近感や居心地をどこまで高められるかは重要だ。周辺者がビルへの親近感を持つことができれば、それだけ彼らにとっての圧迫感や疎外感は薄らぐことになるが、何の配慮もないビルだとしたら、ビルの存在自体が心理面や感情面に重くのしかかってくるからだ。

　だから、足元の広場や歩路だけでなく低層階に店舗や公開型のロビーが加わることの意味は大きいし、頂部に自由に利用できる展望フロアがあれば、愛着度や親密度はより高まってくれる。そのためにビルを管理運営する側の負担が増えるとしても、ビルの登場自体が周辺へ与える負荷（プレッシャー）の大きさ[注1]を考えれば、それを和らげるための配慮として欠かせない貢献要素ということになる。

　もう一点、このような貢献度の高いビルを建てることによって、建てる側にもう一つのメリットがもたらされる。たとえば総合設計制度を利用して建てる場合には、足元や頂部の配慮によって周辺から温かく受け入れられることに加えて、地区への貢献度（公開空地、公益施設、防災施設などの提供）に応じた床面積の増大が法的に許容されるからだ。

遠景観と近景観　ビルの高さはどんな検討と判断によって決定されるのだろうか。ある一定容積を目標とする際の検討プロセスについて、景観と環境の両面から考えてみよう。

　敷地には、それぞれ面積に応じて建築可能な延床面積の上限、すなわち指定容積率が定められていて、建物高さはこれと深く関わってくる。あくまで

上限値なので指定容積率を下回る計画はいくらでも可能だが、最大収益を目指して限度一杯の床面積で計画しようとするケースが多いので、この最大床面積と高さの関係で考えることにする。

　最大床面積を目指す場合に、高さを減らそうとすればその減少分は各階の床面積を増やすことで充たされるし、逆に高く建てようと思えば各階の床面積を少しずつ削ることになり、ここで、太めのビルを低く建てるのか、スリムなビルを高く建てるのかの選択が必要になる。高くスリムなビルならば足元に大きなゆとりが生まれるが、太めの低いビルの場合には足元は窮屈にならざるを得ない。

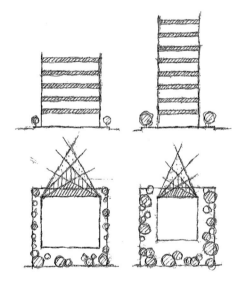

太く低い建て方（左）
細く高い建て方（右）
（変化する日影をイメージとして表示）

　このことを景観面から見てみよう。景観には、遠方からビル全体を眺める際の「遠景観」とビルに近づいて足元まわりの雰囲気を感じとる際の「近景観」があるが、ビルの高さを論じることは遠景観に大きく関わる話であり、足元の居心地や魅力を論じることは近景観に大きく関わってくる。スリムなビルならば「遠景観」は高くそびえ立って見えるが、「近景観」としての足元にはゆとりある広場が生まれやすい。逆に太めのビルならば「遠景観」は突出した高さにはならないが、「近景観」としての足元まわりは窮屈になってしまう。

次に日照面を考えてみよう。ビルが細く高ければ影は遠方まで伸びるが、各地点を通り過ぎる時間は短くてすむ。ビルが低く太ければ影の届く範囲は少ないが、影が長時間留まってなかなか過ぎ去ってくれない場所が増えてしまう。どちらを善しとするのか、ここでもう一つの選択が出てくる。

これら2点を考え合わせる時、「景観的には遠望が高く突出するとしても足元が広い方が多くの人々にとっての心地良さは高まるし、日照面からはビルに近い影が長時間留まるよりも遠くの長い影が早く過ぎ去ってくれる方が、全体の犠牲は少なくてすむ」という理屈が成り立つ[注2]。

それは「高さを削らない方が足元のゆとりが生まれやすく、総体の日影は少なくてすむ」と言い替えることもできる。すなわち、高さを抑えることが必ずしも良い結果を生むとは限らないわけだ。

1-2　容積率

高すぎる容積率　日本全国の人口は2004年にピークに達したが、東京都はその後も年0.1〜0.3%程度の微増を続けている（2021年時点）。ほとんどピークに近い段階とも思えるが、ビル建設量はなかなか衰えを見せない。特にオフィスビルはこれまで何度か飽和状態が予測されながら、いつもそれを裏切る形で増え続けてきた。

図らずも2020年に起きたウィルス感染問題にともなうテレワークの大幅な進展が、流れを大きく変えるかもしれないことを予感させる。今後、ビルの需要が次第に下り坂へと転じ、いよいよ東京にもゆとりある環境が訪れることになるのか、それとも再び需要増加の勢いが復活してさらにビルが増え続けるのか。予測は難しいが、過去の経緯から考えると楽観は許されない。一体、東京ではどのぐらい高密度までの建設が可能なのだろうか、容積率との関係で見てみよう。

近年、都心部における大型ビルはきわめて高い容積率で建てられてきたが、23区全体を見渡せば、指定容積率に対して余裕を残している地区はたいへ

ん多い。いや、むしろそれぞれの地区に不似合いな大きさの容積率が定められているケースが多いと言う方がふさわしいだろう。指定容積率という名称に惑わされやすいが、むろん指定ではなく許容される容積率の上限値であり、住居系の地区では余裕を残しているケースがまだまだ多い。かりに、すべての敷地が指定容積率一杯に建て込まれた時に一体どんな窮屈な街になるのか、その姿はなかなか想像できない。実際には、そこまでの過密状況が生じないように道路幅に応じたさらなる制限値（基準容積率）が定められているが、これでさえ良質な環境を保証する数値にはなっていない。たとえば容積率300％程度の地区に目一杯に建つ集合住宅の具体例を見ても、敷地形状や方位が変則的な場合にはかなり窮屈な状況が生じていることが分かる。

　都市経済の専門家が土地や建物の需給バランスを論じる際に持ち出す非現実的な論法がある。それは、それぞれの敷地面積に指定容積率を掛けた合計を足し合わせることで、地域全体に可能な建物の総面積を算出し、それをもとに都市経済や土地需給論を論じようとするケースだ。実際は、すべての地区で指定容積率一杯に建てることは不可能だし、かりに基準容積率に置き替えるとしても、目一杯に建て込んだ街はとうてい人の住める環境になるはずがない。

　建物を供給する側からは「高密な環境を承知の上で東京に住みたい、働きたいと思う人たちの要望に応えることが私たちの使命だ」との声が聞こえることもあるが、この論法を続けてゆけば環境が限りなく低下し続けることは間違いない。容積率に余裕を残す敷地がまだたくさんあるからだ。

限度一杯に建てない選択　上向き経済の状況下では当然と思われた「容積率一杯に建てるほど採算性が上がる」という理屈は、成熟へ向かおうとするこれからの街にはふさわしくない。終戦以来ずっと「環境の質を我慢しても大都市に住みたい」と望む人々が多かったため、容積限度一杯に建てても空室になる心配は少なかったが、これからは環境欲求の高まりとともに、光や風の入りにくい建物や、隣りどうしが接近しすぎている建物の人気は落ち、価格は下がってゆくにちがいない。

東京も、周辺部から進んでいる居住人口や就労人口の減少を考えれば、容積を低めに建てることが環境面や景観面だけでなく、運営面からも有利になるケースが増えるだろう。特にリモートワークにともなう諸活動の分散化が進めば、これまで心配なく部屋が埋まった場所でも、交通の便が悪かったり、道路幅が狭かったり、日常品店舗が少なかったりといった場所の人気は落ちてゆく。重要なのは「容積一杯に建てて床面積で稼ぐ」といった旧来型の採算計画とは別のスタンス、すなわち「量を減らしても質の高いスペースを作り、坪単価の上昇分で稼ぐ」といった方向転換だ。この転換は住宅やマンションだけでなく、オフィスにもおよぶだろう。「オフィスと住まいは別だ」といったこれまでの意識は変化し、働く場所と住む場所を同等に考える人たちが増えているからだ。「働く場だから我慢しよう」ではなく「働く場こそ快適にしたい」という意識転換が進んでいる。

　すでに、容積率の数値自体が改定されるべき時期にあるのはたしかだが、それを待つことなく、建てる側や利用する側からの意識変革が必要だ。

林立する心配　交通の便や場所のイメージ、道路状況や生活関連施設など条件の整っている地区では建物需要が急速に落ち込むことなく、まだ当分、オフィスやマンションが増え続けるかもしれない。そうなると高層棟のすぐ隣りに同じような高層棟が並び建つケースも出てくるだろう。その時、自室の向かい側に居る他人の動きが手に取るように見える距離になるとしたら、どうだろう。そんな場所に平気で居られるのは「一日中カーテンを閉めたままでも、交通や買物やエンタテイメントの便を優先させたい」人たちぐらいで、高層ならではの眺望や開放感を期待する人たちは遠ざかってしまう。

　汐留や芝浦、六本木のような特別な場所の高層ビルで働く人たちにも二通りのタイプがあるという。一方は、ワークスペースにパソコンなどの情報機器と居心地の良い家具さえ整っていれば、外の眺めなど気にならない人たちだ。もう一方は、ちょっとした仕事の合間に窓から街の風景を眺めたり、青空や夕焼け、星空や雪景色など季節の移り変わりを楽しみたい人たちだ。今後は後者のタイプが増えてゆくにちがいない。

1-3　再開発

再開発の功罪　再開発によって、それまで入り組んでいた路地や小径がスッキリするだけでなく、複雑だった土地の所有関係も整理される。この両者がスッキリすることで得られる交通・防犯・防災・衛生面のメリットは大きいが、一方デメリットも見落とすわけにはいかない。再開発で新しく生まれ変わったビルや足元の街を訪れる人たちが発する声は様々だ。「見違えるように洗練された雰囲気だね」「これなら夜も安心して歩けるわ」、そして「お店は綺麗になったけど、どこかよそよそしくて味も今一つね」「入り組んだ道の薄暗い飲み屋が懐かしい」などなど。前者のプラス評価は良いとして、後者のマイナス評価については何が原因なのか考えてみる必要がある。

　まず、建物や道の形状がスッキリ整理されることの評価、これは人によって分かれそうだ。一方に整然とした姿を善しとする人々がいて、もう一方には少し混みいった複雑さに愛着を感じる人々がいる。機械とは違い、理屈で割り切れないものや一見非合理なものに惹かれる性質を人は備えている。キッチリ整った現代的な建築や道路よりも、少し歪んだり曲がったりする昔風の街並みや建物に愛着を感じる人は多い。人の行動自体、必ずしも合理性で動くわけではなく、曖昧さも含んでいるのだから当然とも言えるだろう。最近は、こんな点を念頭に置きながらあえて歪みや不整形を取り込んで作られるケースもあるが、計画意図が勝ちすぎてどこか不自然なケースは多い。昔

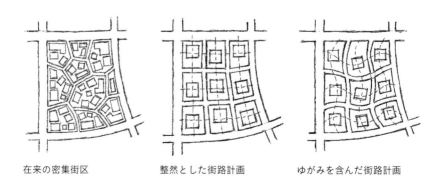

在来の密集街区　　　　　整然とした街路計画　　　　ゆがみを含んだ街路計画

ながらの何気ない雰囲気をどのように作り出せるのか、まだまだ工夫の余地がありそうだ。

よそよそしさの背景　「新しい店のよそよそしさ」や「古い街への懐かしさ」が生まれる原因には、建物や道の形状以外にもう一つ、再開発自体の仕組みに起因するものがある。

再開発以前から土地や建物を有していた地権者に対しては、新たなビル内に相応の床が用意されるが、その実面積は価値の上昇分に応じて減少し、保留床（後述）に当てるための余剰分も生み出さねばならない。だから「建物が新しくなっても上層階や狭いスペースでは使いにくい」とか「新築後の管理費や減価償却費が高すぎて残れない」といった理由で出て行く人がいる。

こんな状況の下、開発の前後でどんな変化が起こるだろうか。開発前は道が入り組んでいたり敷地が不整形な状況下で、長い間建て替えなしに古いまま使われてきた店や、わずかな売り上げで細々と営業してきた店は多い。しかもそれらが皆さびれていたかというと、必ずしもそうではない。「よそよそしさ」とは対極の「居心地の良さ」で賑わっていたり、「懐かしさ」に応えてくれていた店は少なくない。こんな店のオーナーたちが先のような理由で出て行ってしまうと、新しく他所から入ってくる店では「よそよそしさ」が増したり「懐かしさ」が失われることが起こりやすい。逆に言えば、高い家賃や維持費を前提に入ってくる店は、稼ぎのいい大資本の店やチェーン店が多くなってしまう。

痛しかゆしの再開発ということだが、本来必要なのは、このような不都合な入れ替えが少なくてすむ再開発のメカニズムだ。それが探り当てられればもっと展望が開けるにちがいない。

一般的な再開発では、権利床に保留床を加えた合計面積分の建物が作られる。権利床とは地権者たちがもともと持っていた土地や建物の権利に見合う分の床であり、保留床とは新たなビルの一部を売却または貸与することで開発費用を生み出すために用意される床をいう。保留床を多く作れば総工事費はふくらむが、買い手や借り手が現れてくれれば開発全体の採算性は高まる。

だがそれが見つからなければ失敗を招き、大きな赤字を残すことになる。

　経済成長が上向きだった時には保留床が売りやすかったが、その後は売れにくい状況が続いてきた。許容される容積率を目一杯使って保留床を売却・貸与する開発が主流だった時期とは違い、近年は公共施設（公益施設）を組み合わせるケースが増えているが、駅前開発や大型施設跡地以外の開発はなかなか進まない。そんな状況下では、売れる見込みのある保留床の規模を抑えることも必要になるから、容積一杯にこだわりすぎず、規模を縮小する発想が欠かせない。

場所の特徴を引き継ぐ　店の懐かしさもそうだが、再開発で失われやすいのは街の風景だ。起伏ある土地の高低を削ったり、ゴチャゴチャ入り組んだ道路をスッキリさせてしまうのだから当然とも言えるが、それを当然としない発想が必要だ。地形の特徴や道路の形状はそれぞれの場所を特徴づけてきた貴重な財産であり、建物の多くが建て替わった後にも過去の記憶を蘇らせてくれる有力な手がかりとして頼りになる存在だ。

　たとえば、道路整備の目標が防災・防犯・衛生面等の環境向上にあるとしても、キッチリと碁盤目状の道を通したり、一律に幅を広げることが最良の解決につながるとは限らない。整然とした広い道路が出来てみたものの、思ったほど交通量が増えないケースは多いし、かえって走行スピードの高まりに脅かされるケースも少なくない。整備以前よりも歩行者の不便が増したり、居心地の悪くなるケースを見る時、一体何のための開発だったのかと虚しい気持を拭いきれない。

　緩やかにうねるカーブやヒューマンサイズの小径を組み合わせることが防災・防犯・衛生面の向上を邪魔することには決してならないし、昔から使い慣らされてきた古道が不規則な形状で入り組んでいる場合に、それを跡形もなく消し去ってしまうことの罪は大きい。旧来の特徴を残すことが過去を未来へ伝えるための有力な手がかりになってくれるからだ。

　少し唐突な例だが、N.Y.のマンハッタン島をわずかにうねりながら斜めに縦断するブロードウェイの存在は、整然とした碁盤目状街路の中にあって、

たった一つ昔の面影を伝えてくれる好例だ。あまりにも合理的に整えられた非人間的な格子状パターンの中に斜めの交差部が生まれ、ホットで人間らしい痕跡を感じることができる。

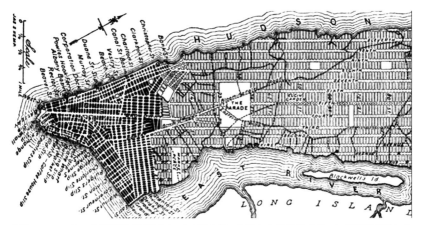

N.Y. マンハッタンの計画図（1807年）「古来の道」と新たな格子状パターンの街路が重ね合わされている。左側のダウンタウンから右上に向かって斜めに長く走るブロードウェイは現在も残されている（セントラルパークの姿はまだない）。

　ただ現実には、頼りにすべき過去の具体的な痕跡を見つけにくいケースも多い。そんな時、昔の道が共通に持っていた「うねる形状」や「不均一な幅」を持ち込む方法も、心地良さを生み出すための有効な手がかりになり得る。

　場所の特徴は道の形状ばかりではない。土地の起伏、崖や水路の痕跡、大樹の存在などの価値は大きいし、塚や祠や井戸といった古い生活要素も貴重な手がかりになり得る。昔の水路が埋められて暗渠化している場合に、蓋の上に浄水を流す例は多いが、かりにそれが難しい場合も、昔の流れの跡をたどりながら、その特徴を別の材料や工法で作る方法にも大きな意味がある。

過去への敬意　少し広域的な視点から、東京の地形を概観してみよう。

　東京の都心部には、台地とそこに切れ込む低地が複雑に絡み合う場所が多く、その起伏が特徴的な微地形としての表情を生み出してきた。特に台地上に多かった武家地の跡は、大きな区画を残しながら大学や病院、ホテルや大使館などに利用されることが多かった。容積率が小さめだったこともあり、

土地の起伏や道の形状が比較的よく保たれてきたが、近年は大型オフィスやマンションへの建て替えによって様相が大きく変化している。地形の特徴を上手に取り込んで作られるケースもある一方で、それを跡形もなく消し去ってしまう乱暴なケースを見るのは哀（かな）しい。

　時間経過とともに人は入れ替わり建物が建て替わるとしても、場所の特徴が引き継がれればそれが次世代への貴重なメッセージとして伝わってゆく。だが過去の痕跡を消し去ってしまえば時代の流れはそこで途切れてしまう。自然が作った造形「土地の高低や川の痕跡」や、人が作った造形「道路パターンや営みの痕跡」に敬意を払いながら、その特徴を新たな開発の中に取り込んだり活かすことで、それぞれの場所に深みが加わることになる。いったんは失われてしまった特徴や、しばらく隠れていた特徴をあらためて浮かび上がらせる方法も有効だ。

　どんな計画もそうだが、同時代人の頭脳や手法だけで計画しつくそうとしても、退屈な風景しか生まれない。もし、現代の知恵や技術ですべてを解決できると過信するならば、それはおごりであり過去に対する冒涜（ぼうとく）でさえある。

1-4　混在と多様性

職場と住居が離ればなれ　はっきりした目的もなく街をブラブラ歩いていて、どこか居心地の悪さを感じる時がある。オフィス街にせよ住宅街にせよ、片寄りのある単調さが目立つ場合だ。生活の匂いのまったく感じられないオフィス街や、働く者の姿が見えない住宅街では、出会う人々の違いだけでなく漂う空気も大きく異なる。このような不自然さは一体何が原因だろうか。

　モダニストにとってのバイブル「アテネ憲章（1933 年）」（162 頁）には、都市の基本要素として「住む、働く、憩う、移動する」の四つが掲げられ、この分類がその後の都市計画にも大きな影響を与えてきた。都市の中を用途ごとに分けようとするこの発想は、産業革命の原動力となった蒸気機関の進展に大きく関わっている。工場から吐き出される煙やススで汚染の進んだ街を

避け、健康的な居住区を切り分けようとする発想だ。その後、エネルギーの主体が電力へ置き変わり空気汚染が減った後も、近代化を目指す多くの国々で用途分離型の都市計画が受け継がれてきた。労働と生活の場所を分けることが人々の気持を切り替え、生産性を高める上で効率的という理由があったからだろう。だが20世紀末から今世紀にかけて「労働」と「生活」に対する人々の意識は大きく変化している。「働く」と「住まう」の境界が薄れ、そこに「憩う（遊ぶ）」までが融合されようとしている。

「住まう／働く／憩う」が混ざる街　現代都市の中で大きな比率を占める建物用途として住居、店舗、オフィスがあり、さらに教育、医療、文化、娯楽などがある。その内のどれか一つが過度に集積すれば、街全体の適切なバランスは崩れやすくなる。生物界では「生命の持続と安定のために不可欠なのは多様性であり、それが失われた時に生命は衰える」とされるが、これと似たメカニズムが街にも当てはまりそうだ。

　特定の用途が集積することでメリットが得られるケースが例外的にあるとしても、もともと補完関係にあるはずの各用途が離ればなれに置かれれば、行ったり来たりの不便さが増すだけでなく、心理的、経済的なロスも増大する。そして、特定な用途だけが偏在する時のもう一つのデメリットとして、多様性の欠如による「価値観や生活感の片寄り」がある。一体、街の多様性とは何だろうか。

　「住まう／働く／憩う」の各地区がそれぞれバラバラに置かれるとしても全体としては十分に多様ではないか、という論がある。だがそこには、人の行動パターンをとらえる際の重要な視点が抜け落ちている。近代以降、「多くの分野でモノやコトがバラバラに切り分けられて、全体が見えにくくなってしまった」と言われるが、この「分断」を街に当てはめて考えてみよう。

　人の生活パターンの基本要素が「住まう／働く／憩う」であるとしても、その中身を三つの行為として切り分けることは可能だろうか。「音楽を聴きながら家事をする」「食事しながら仕事を打ち合わせる」など「憩＋住」「住＋働」の融合は誰にもあるだろうし、「風呂の中で明日の仕事を考える」「旅

先で仕事のアイディアを練る」など「憩＋働」についても同様だ。

　１日あるいは１週間の中で「住まう／働く／憩う」の行為は混ざり合い、一連の行為の中で「住まう／働く」「働く／憩う」「住まう／憩う」をはっきり分け切ることはできない。この理屈から言えば、都市の中を「住居地区／ビジネス地区／レクリエーション地区」と分けてみても、それを文字どおり使い分けることには不自然さがあり、各地区の中にそれぞれ多様な活動が混ざり合うのが実態だろう。実際、人々の意識もこのような融合へ向けて変わりつつあるし、近年は、誰も予測しなかった感染症予防の行動をきっかけにこれらの融合が加速化され、リモートワークやホームオフィスなどを通して変化が進んでいることは皮肉と言わざるを得ない。

用途混在が作る多様性　近代の工業化過程では、目標達成のために物事を内容や性質ごとに切り分けて考えることがなされてきたが、それが都市計画にも反映されて鈍化が進んだことになる。情報化や自動化が進んだ今日、それに対応した変化を街に当てはめるならば、用途融合へ向けての転換ということになるだろう。

　それは「各地区の中に多様な用途を持ち込む」といった配置の工夫だけにとどまらない。「人が生きること」自体の中に「住まう／働く／遊ぶ」が混ざり合っていて切り離せない、という本性をふまえながら街や建物のつくりを変えてゆく必要がある。近年急速に進みつつあるリモートワークによって仕事が住まいの中に持ち込まれるケースが増えているが、仕事の場に寝食を持ち込む逆パターンの受け皿も考え合わせることで、融合はスムーズに進むかもしれない。

　少し論点を変え、東京都心部におけるエリア構成として皇居をとりまく地区を眺めてみよう。皇居東側にはビジネス街の丸の内・大手町エリアがあり、そこから時計まわりに官庁街の霞が関・永田町エリア、国会議事堂と最高裁判所を経て、教育・居住施設の多い麹町・番町エリアや飯田橋・九段エリア、さらに商業の盛んな内神田・鍛冶町エリアというふうに概観できる。

　この中で、街としてもっとも多様な雰囲気が残るのは神田・鍛冶町エリア

だ。ここには江戸期に登場した町家が、明治・大正期を経て、昭和戦前期まで多く残っていた。1階には商人の店や職人の作業場が置かれ、2階は彼らの住まいだった。それぞれの家に「住と商」や「住と工」が共存し、24時間オールラウンドな生活が営まれていたことになる。今はその多くが失われてしまったが、雰囲気は多少引き継がれている。こんな生活圏の像を頭に描きながら、現代の街を眺めてみよう。

皇居をとり囲む五つの地域

　働き盛りの人々が行き交う先端的なオフィス街にはある種の活気がみなぎるが、見方を変えれば一種の閉鎖社会にも見える。成長過程の子供たちの姿や身動きの遅い高齢者たちの姿を目にすることなく、ひたすら仕事で動き回り飲食を楽しむオフィスワーカーたちが溢れている。だがはたしてそれが成熟社会にふさわしい都市風景なのだろうか。

　年寄り世代も働き盛りの世代も、家事にいそしむ世代も成長期の世代も、すべてが混ざりあって多様に過ごせる街こそ成熟社会にふさわしい姿のはずだ。短期的な目で見ればそのために多くの非能率や不合理が生じるとしても、それを平然と呑み込めるような寛容な仕組みこそが、本来の器としての街が備えてほしい資質にちがいない。

◆注

注1　大規模施設の登場が生み出す負荷としては、周辺を行き交う人と車の増加、上下水使用量やゴミ排出量の増加がある。高層建物ならば日照、通風、視界が妨げられるし、敷地が広ければ通行が妨げられやすい。特に用途が住居の場合には通学者や公共施設利用者の数が増えることも負荷につながる。

注2　実際の日影に関しては、複数のビルに起因する効果、すなわち複合日影を考える必要があり、結果はもう少し複雑だが、ビルごとの影の滞留時間は重要な因子として全体に影響する。

2章
歴史の視点から

2-1　広場と建物

　新たなビルの登場によって足元に広場が登場し密集市街地の中にゆとりが生まれることは好ましいとしても、せっかくの広場が単に広いだけの場所になってしまうと、間の抜けた空しさが増すだけで、居心地や賑わいの創出にはつながらない。特に公開空地として計画される場合には、敷地外周部に沿って歩道状空地が広くとられることが多く、そのためにビルは奥へ押しやられて、建物の両脇や後側の広場が生まれにくい。もともと歩道のない場所や狭い場所では敷地側への拡幅が有効としても、それがふさわしくないケースは結構多い。

　建物と空地の関係を考えるために、少し歴史をふり返ってみよう。

ル・コルビュジェの都市像が原点　1950年代以降、世界の大都市中心部に登場した大型ビルは「周囲に空地をとって建てる」ことが主流となったが、その発想の原点にあるのはやはりル・コルビュジェによる未来都市像だろう。コルビュジェが「300万人の現代都市計画（1922年）」や「ヴォアザン計画（1925年）」で提案した都市像は、近代建築国際会議（CIAM）の第4回会議（1933年）

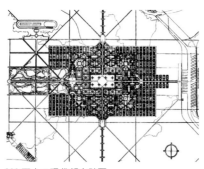

300万人の現代都市計画

ヴォアザン計画

で採択されることになるアテネ憲章^{注1}の基本理念を導くことになったが、これらの理想都市には二つの明確な特徴がある。それは「緑の広がりの中から立ち上がる建物群」と「周囲との脈絡を断った孤立性」で、ともに古来の都市には見られなかった特徴だ。

ヨーロッパの中世都市を囲む市壁内にはもともと緑が少なく、建物どうしはファブリック（織物）になぞらえられる通り、縦糸と横糸のように絡み合っていたが、コルビュジェの都市像はそんな歴史都市に真向こうから反する姿だった。「コルの描く都市は絵画的な直感と幾何学的美意識によるもの」とする解釈もあるようだが、提案の背後には次のような根拠が存在する。

17世紀の英国に端を発した産業革命の波はヨーロッパ全土へおよび、19世紀にはロンドンのほか、ウィーンやパリ、ベルリンなどの大都市中心部に増え続ける工場において、手工業から置き替わった蒸気機関がうなりを上げていた。農村から移り住んだ工場労働者たちは、人口密度が高まり石炭の煙に包まれる都心部で衛生的にも恵まれない生活を強いられることになる。こんな状況を解決するための都市改造案を考えるとすれば、コルビュジェでなくとも「緑豊かな居住区を工場地帯から切り離して築く」結論にいたったにちがいない。特にコルビュジェの透視図で魅惑的に描かれた大地と建物の姿は、アテネ憲章の基本原則「住む、働く、憩う、移動する」という機能分離の中で「太陽、緑、空間（オープンスペース）」の豊かさを高らかに謳う内容として表現された。

市街地を用途ごとに別個の地区として区分するゾーニングの手法は、近代都市計画の大原則として各国で積極的に推進されることになるが、ここでは「緑の広がりの中から建ち上がる建物群」のイメージについてさらに考えてみよう。

輝かしい建築／無名の建築　古代から近世にいたるまで、「輝かしい建築」の多くは周囲の街に溶け込む姿ではなく、より際立った形を目指して作られた。神殿や寺院のほか、王侯・貴族の宮殿や居城、豪族や商人の居館などがこれにあたる。「輝かしい建築」の設計を担ったのはエンジニアや建築家た

ちであり、彼らの才覚と創造性によって実現している。一方、これと対照的に存在したのが庶民による「無名の建築」だ。登場時期が古く数も多い「無名の建築」の多くは群として存在し、都市や集落など集合体の中にあって、個々の建物は全体の中の一部として互いに分かちがたく結びついていた。

　こんな二つの対比を頭に描きながら、もう一度コルビュジェの「300万人の現代都市計画」を眺めてみよう。何棟もの高層ビルの間に広いオープンスペースが広がり、歴史集落のような建物どうしの絡み合いはない。「ヴォアザン計画」や「パリ改造計画（1936年）」の建物群も、オープンスペースを介して旧街区から明確に切り離されている。このような孤立型の建築像は、1950年代以降に世界中の都市開発で設計に関わった多くの建築家たちにも強い影響を与え、近年にいたるまで大型ビルの典型的スタイルとして遺伝子のように引き継がれている。「輝かしい建築」の孤立性が頭の隅にある設計者は今も少なくないだろう。

ニューヨークにおける対照的な2例　今から半世紀以上も昔、ニューヨークに登場した興味深い二つの対照的なビルがある。両ビルはマンハッタンを南北に走るパークアベニューの53丁目で通りを挟んで斜めに向かい合っている。一つはゴードン・バンシャフト（SOM）設計のリヴァハウス（1952年）で、もう一つはミース・ファン・デル・ローエ設計のシーグラムビル（1956年）だ。当時としてはどちらも斬新なガラスカーテンウォールに包まれた高層ビルで、前者の明るいブルーに対して後者はシックなブロンズ色。色合いからは後者

リヴァハウス（1954年当時、大江宏撮影）

シーグラムビル（近年の姿）

に勝ち目がありそうにも思えるが、注目したいのは足元まわりのつくりだ。

　シーグラムビルはパークアベニューから大きくセットバックして建ち、前面には水をたたえた美しい広場が広がっている。周囲の街並みと明確に縁を切ったこの存在形式は、CIAM の理念をそのまま体現した模範解答のようにも見える。それに対してリヴァハウスの規模はひとまわり小さいが、敷地外周に沿って 2 階建の低層棟が巡り、内側に広場が囲い込まれている。特徴的なのは、この低層棟がピロティで持ち上げられ、道行く人々から列柱越しに中庭広場が見通せる点だ。広場の奥には高層棟の足元が顔を見せている。

　一体どちらが優れた建て方だろうか。答えは簡単ではないが、ここパークアベニューでは時間経過とともに価値が変化していることが分かる。両ビルとも登場から 70 年近くを経ているが、完成時の 1950 年代は終戦から間もない時期で、周囲の中小ビルの多くは敷地一杯に建て混んでいて、傷んだビルやすさんだ空地も多かった。そんな中でシーグラムビルの前面に広がるオープンスペースの存在は際立っていて、水をたたえた広場の奥にスッキリ建ち上がる暗色ガラスのビルは、あたかも祭壇に置かれた聖像のような 佇 まいだったにちがいない。

　だが現在、パークアベニューでの印象は異なっている。緑の中央分離帯を挟む 8 車線のパークアベニューはそれ自体が広いオープンスペースでもあり、両側の歩道に建ち並ぶビルの 1 階まわりの店舗や看板は歩行者にとっての親しみ深い道具立てとなっている。リヴァハウス足元の歩廊状のピロティが店並みを途切れずにつなげてくれるのに対して、歩道から大きく後退したシーグラムビルの前面広場は店並みを分断していて、ビルに入ろうとする人々にとっても玄関までの中途半端に長い距離がある。おまけに、その後に登場した隣りのビルも同じく後退しているため、分断が強調されている。半世紀以上を経た状況の変化が、リヴァハウスとシーグラムビルの価値を大きく変えてしまったことになる。

外周広場型と沿道建物型　シーグラムビルとリヴァハウス、この二つのタイプの違いをさらに見てみよう。分かりやすい比較のために、ここでシーグラ

ムビルの建て方を「外周広場型」、リヴァハウスの建て方を「沿道建物型」と呼ぶことにする。前者は敷地中央（または奥）に建つ高層棟の周囲を広場が囲むタイプで、後者は敷地外周に沿う低層棟が広場や高層棟を内側に囲い込むタイプだ。

　両者の違いを群としてとらえるために、それぞれのタイプがいくつも並んで建つ時の姿をイメージしてみよう。外周広場型の方は「公園のような広がりの各所からビルが建ち上がる姿」が想像できるだろうし、沿道建物型では「低層棟が歩道に沿って連続し、その奥に広場や高層棟が囲い込まれる姿」を想像することができる。前者の田園都市的なイメージに対して、後者は街並みが連続する歴史的市街地に通じるイメージと言ってもよい。

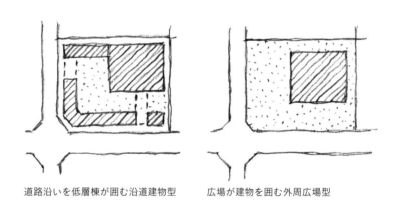

道路沿いを低層棟が囲む沿道建物型　　　　広場が建物を囲む外周広場型

　これら二つの対照的なタイプは好みの違いにも関わってきそうだが、少し歴史をさかのぼって眺めると、農村集落と都市がたどったそれぞれの成長過程に重ねて眺めることができる。その源流を探りながら構成の特徴を眺めてみよう。

都市と農村の対比　近世のヨーロッパ都市は、古い城壁（市壁）を壊したりはみ出たりしながら次第に市域を拡大し、その過程で少しずつ公園や緑を増やしていったが、高密に建て混んだ中世期には市壁の内側に緑は少なかった。市域内に住むのは僧侶・官吏や商人・職人など市民だったが、市壁の外には

自然が広がり、森や畑とともに小集落や独立農家が散在していた。市外へ働きに出る市民も夜は市内へ戻って市門は閉ざされ、壁の内外には街らしさと田園らしさの明確なコントラストが存在した。

　市内の建物は互いに壁を接する連続体で、教会や市会堂前の広場などの広がりを除けば、建物は細い道に沿ってギッシリ建ち並んでいた。建物に挟まれた細い道から広場へ出る時に、ほとんど前触れなしに突然視界の開ける場面展開は、今もヨーロッパの旧都心部で出会う光景だが、建物と道路のこんな関係が「沿道建物型」の構成原理につながってくる。

　市壁内のこんなつくりに対して、市外には耕地や牧草地に囲まれて農家が散在していた。数戸あるいは数十戸が小集落を形成する場合も、壁を接することはなく石垣や生垣、防風林などで隔てられて、建物どうしの間にはある距離が存在していた。広がりの中から家々が個々に建ち上がるこんな姿が「外周広場型」の構成原理につながっている。

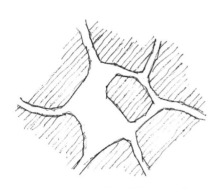

建物に囲まれた広場（沿道建物型の原型）　　農地や山林に囲まれた建物（外周広場型の原型）

黒白の反転　これら二つのタイプの違いを語る際によく引用されるのは、J. バチスタ・ノッリが描いた 18 世紀のローマ市街図（1748 年）だ。黒く塗られた建物部分と、白く残された道路・広場・中庭などとの対比が市街地の空間構成をよく表しており、これを黒白反転することによって農村型の空間構成へ置き換わる点も興味深い。この反転関係を現代ビルと広場の関係に当てはめることでも「沿道建物型」と「外周広場型」の対比を感じることができる。

J.B. ノッリによるローマ市街図の一部（左）　右は白黒を反転した図。左図の白い部分は公共的なエリアを示し、道路や広場のほか、教会など誰もが入れる室内空間を含む。

　一つ注意したいのは、反転関係にあるこれらのパターンをそのまま西欧型都市と日本型都市の特徴に当てはめる説明があるが、それは少し違う。前述のように西欧にも「白地に黒」の農村型が存在するし、わが国の町家も「黒地に白」のパターンとして描くことができる。ただ、わが国に固有な特徴は、近代以降も武家屋敷の多くが庭に囲まれた農村型パターンのまま、都心部に残ることになった点で、それが話を混乱させているようだ。

　東京の場合、千代田、港、新宿、渋谷、文京などの都心区には今も農村型パターンが残る。特に武家地の跡に建つ大型ホテルやマンションには、緑に囲まれた庭付き屋敷の特徴を引き継ぐケースが多いが、ビルどうしが壁を接する西欧都市の中心部にはあまり見られない光景だ。さらにこの特徴が近年の大型ビルの建て替えにも反映されており、沿道建物型に比して外周広場型の例はずっと多い。先のマンハッタンの例で言えば、リヴァハウス型は少なくシーグラムビル型が多い。

2-2　中　庭

結界の有無　ここまで、広場が建物を囲むタイプをひとくくりに「外周広場型」と呼び、広場自体の表情や材質に注目することをしなかった。だが実際には「樹木など緑が主体の広場なのか、石敷きのような無機質な広場なのか」によって、道路との関係は大きく異なってくる。かりに前者を「緑の広場」、後者を「石の広場」と呼ぶこととし、その違いを比べてみよう[注2]。

　広場の見え方として「緑の広場」の方は道路とは明確に異なる領域として感じることができるが、「石の広場」の方は材質が道路と似た表情のため、別々の領域として感じることが難しい。だから建物を大きくセットバックさせて前面に広い空地をとっても、石系の場合は、せっかくの広場が道路からダラダラと連続してしまい、メリハリのない景観になりやすい。もし境界部に何らかの結界[注3]があれば、広場としての領域性（空間のまとまり感）は高まってくれることになる。

　もちろん、道路も広場も公共性の高い領域であり、それらが連続して見える方が好ましいケースは多い。たとえば敷地外周部の空地を歩道と一体的な遊歩空間として整える時には、両者が連続する方が自然だ。

　では「石の広場」の場合、その存在が道路とは別領域として際立ってほしいのはどんな時だろうか。一つは、広場の居心地を道路によって損なわれることのない別領域として確保したいケースだ。得られるはずの安心感や囲繞感（包み込まれる感覚）が自動車の喧騒にかき消されないためには結界が必要になる。もう一つは、せっかくの広場が道路などの公共領域と同じ表情でつながってほしくないケースだ。建築主や利用者が、敷地の内側に何か特別な表情を持たせたい時には結界がそれを助けてくれる。

　「緑の広場」の方はどうだろうか。広場の表情が道路とはっきり異なっているため、ことさら結界を設けなくても領域性は発揮されやすい。広場の緑が道路と建物を隔てる結界として作用してくれるからだ。

　前述のリヴァハウスの中庭は石系の広場だったが、コの字型の低層ピロテ

ィ棟という結界に縁どられることで、内側に街路と異なる中庭としての領域を感じることができる。なお、結界の形としては、このように三方を囲むコの字型以外に□型やL型、I型などの回廊・翼廊があり得るが、いずれも「街路〜結界〜中庭〜建物」といった重層的な構成を生み出すことになる。

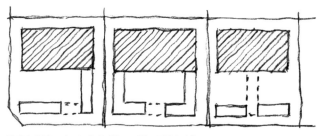

回廊と翼廊のタイプ（L型、口型、T型など）

中庭（内なる世界）を外へ開く　次に歴史事例を思い浮かべながら、街と中庭の関係について概観してみよう。

　世界各地で中庭の歴史は古く、南欧や北アフリカなど地中海周辺域や西アジアをはじめ、中央アジアからインド、中南米にいたる多くの地域に分布している。また中世以降のヨーロッパで修道院を特徴づけることになった列柱形式の中庭（クロイスター）や、重層する棟の間に庭が囲い込まれる中国の四合院の中庭もそれぞれ特徴的だ。

　庭のつくりとしては、石や土の場合もあれば、樹々の庭、草花の庭、水の庭など様々だが、街の側から見る時、外界から隔てられた「内なる世界」として存在する点は共通だ。出入口を通して中の様子が垣間見えるケースもあるが、多くは通りから直接のぞき込むことはできず、「見える中庭」や「透ける中庭」の例は少ない。そもそも中庭とは「外界から隔てられた異領域」なのだから、外から見えてしまっては意味がなく、当然と言えば当然かもしれないが。

　こんな中庭形式を現代ビルの足元へ持ち込もうとする際にはどんな形が可能だろうか。現代都市の場合も、雑踏や喧騒を避けるための「落ち着きの場」

として中庭本来の特徴（内なる世界）をそのまま活かす形もあるだろう。だが、中庭本来の特性を保ちながら、同時に解放性が求められるケースは多く、その時には「外から見える」ことが重要になる。リヴァハウスの足元広場は歴史様式には少ない形式だが、「見える中庭」「透ける中庭」を実感する上で分かりやすい例と言える。

2種の中庭／パティオとインナーコート　世界中に分布する多くの中庭は地域ごとにそれぞれ個性的だが、その詳細については他書に委ねることとし、ここでは大きく異なる2種の中庭について、その存在形式を確認しておきたい。

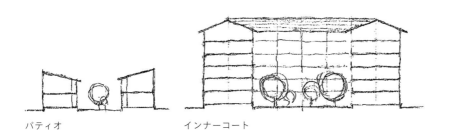

パティオ　　　　　　インナーコート

　一つは、スペインなどでお馴染みのいわゆるパティオの形式だ。中庭を囲む建物の高さは1階からせいぜい3階ぐらいまで、1戸から数戸によって共用される庭で、団欒や接客のほかにちょっとした作業など室内の延長空間としても用いられる。呼び方は地域によって異なるが、分布は地中海沿岸域から西アジアのイスラム圏諸国、インド周辺にまでおよぶ。

　もう一つは、1棟または数棟の建物に囲まれたもっと大きな中庭で、高さは6〜7階建も珍しくなく、広さは一辺が100mを超える例もある。どの部屋（住居）からも自由に出入りできるわけではないが、ある限られた人々にとっての共用エリアという点ではパティオと同様だ。パリ、ローマ、ウィーンなどの西ヨーロッパ諸国の都心部においてバロック期に築かれたビルの例が馴染み深いが、東欧（プラハ、ブダペストなど）やロシア（サンクトペテルブルグなど）にも多くの例があり、中南米にはメキシコシティやブエノスアイレ

スなど、かつてのヨーロッパ列強国によって築かれた例も多く存在する。

これら二つの異なる中庭形式を現代都市に持ち込もうとする時、ビルの足元にふさわしいのは後者の規模だろうが、上層階のテラスなどでは前者のタイプにも役割がありそうだ。名称の混同を避けるために、前者を「パティオ」、後者を「インナーコート」と呼ぶことにしたい[注4]。

見える中庭／入れる中庭　コルドバなどアンダルシア地方の旧市街を歩く時、路地に並ぶ家々の鉄格子の奥にパティオの木々や花がわずかに垣間見える〔かいま〕シーンには不思議な魅力がある。狭くうねる街路自体にはほとんど緑が見当たらないだけに、門扉越しに見る庭の一端は、奥にある美しいパティオを様々に想像させてくれる。もともと、パティオに水と緑をあしらう小宇宙的な庭づくりはイスラム圏で培われた知恵のようだが、本家イスラム都市の中庭は堅い扉の奥に閉ざされて中を覗き見る〔のぞ〕ことは難しい。住人たちが庭づくりの一端を見てもらいたい気持から、パティオの一部を外へ見せるようになったのはスペインにおける展開なのだろう。

インナーコートの方も、出入口が板戸ではなく格子戸など透過性のつくりの場合には、奥の様子が垣間見られて面白い。たとえ特定の集団のためのスペースだとしても、見えること自体が街に対して何らかのメッセージを発してくれる。

ヨーロッパ都市の旧市街に軒を揃えて並ぶ古くからのビルの特徴は、高さも規模もよく似た共通の建築タイプの中に様々な用途が組み込まれている点だ。モダニズム建築のように、オフィスはオフィスらしく、住宅は住宅らしく、学校は学校らしくといった中身を想像させる外見上の違いはほとんど無い。こんなつくりの中で大きな役割を担ってきたのがインナーコートだが、街路や広場に緑の少なかった近世以前にも樹木のあるコートは多かったようだ。奥行きの深い建物に光や風を取り込むための貴重な屋外空間でもあるが、用途上は井戸や洗濯場のある共用スペースだったり、各戸にとっての庭や菜園だったり、室内作業を補完する屋外の仕事場だったりと、様々な役割を果たしてきた。

だからインナーコートは、均質な建物タイプを多様な用途に応じて使い分ける際に、それを補うための融通性に富んだスペースだったことになる。街並みの顔としての整った姿を持つ表側のファサードに対して、日常的な活動を支えるための裏方スペースといってもよい。

　このように広い役割を担う形で世界中に分布するインナーコートだが、現代の使われ方はどんなだろうか。街路の側から見ると、普段は扉で閉ざされて外から見えないケースや、格子扉から中の様子が垣間見えるケース、いつも開かれていて中庭へ入って行けるケースなど様々だが、用途も多様だ。駐車場やちょっとした資材置き場、雑然とした空地などのバックヤード的な用途のほかに、学校の校庭や公共施設の小広場としての利用、増築がなされて不思議な路地空間になっているケースもある。また最近は、レストランのオープンテラス席やギャラリーの野外展示スペースのような積極的活用のケースも増えていて、今後、新たなビルの足元広場を考える際にも大いに参考になりそうだ。

2-3　列　柱

　リヴァハウス（前述）の「透ける中庭」ではピロティの列柱が結界として重要な役割を果たしていた。街路からの視線は列柱越しに内側の広場へ向かい、広場からの視線は列柱を通して街路へ抜ける。内外二つの領域は性格的に異なっていても視覚的にはつながっている。このような結界を新たなビルの足元へ組み込むことをイメージしながら、列柱の誕生と展開のプロセスを確認しておこう。

列柱を抜ける視線　古くから広場や建物に登場してきた列柱だが、多くの場合、少し離れた位置に平行する壁が立ち、ブランデンブルク門（ベルリン）のように視線が遠方まで抜けるケースは意外に少ない。視線が抜ける例としてすぐに思い浮かぶシーンにパルテノン神殿の印象的な姿があるが、もとも

とこの神殿の内陣は厚い壁に囲まれて、列柱の向こう側を見通すことはできなかった。だが今は屋根までもが失われ、空へ抜ける視線も加わって美しさと力強さが際立っている。

パルテノン神殿

リーヴォー修道院

　また、屋根や壁の一部が崩れ落ちた教会や修道院の姿にハッとさせられるケースは多い。たとえば英国ヨークシャーのリーヴォー修道院。中庭のほかに礼拝堂や食堂、居住棟などがもともと壁で隔てられていたが、今は壁も天井も失われて残る柱からは内外の区別さえつきにくい。だが柱間を抜ける視線が様々に交差する光景には不思議な魅力が溢れる。

　最初から視線が抜けているのはローマのサン・ピエトロ寺院の列柱だ。正面両側に湾曲して伸びる翼廊は壁のない列柱廊で、遠方まで見通すことができる。人々の心を寺院へ向けて集中させるための柱廊にもかかわらず、柱間から背後の街が見えてしまう点がなんとも面白いが、実際には巨大な柱に圧倒されて街の姿はあまり印象に残らない。また、規模は小さいが北イタリアのベルガモ都心部の二連広場（ヴェッキア広場とドゥオモ広場）の間には、ピロティで持ち上げられた館が建ち、足元のアーチを通して人と視線が行き交うシーンが興味深い。これらの透ける列柱は、現代都市に「見える中庭」を持ち込む際の有力な手がかりを与えてくれそうだ。

　わが国の伝統建築にも目を向けて見よう。「視線が抜けるつくり」の好例がいくつか見つかる。たとえば法隆寺の伽藍。列柱とは異なる小さな隙間だが、塔や金堂を囲む回廊には連子格子がはめ込まれてわずかに視線が抜ける。

聖なる領域を封じ込めない「透ける回廊」は多くの社寺に見られ、わが国における普遍的な姿と言ってもよい。

　かなり大胆なのは宇治平等院の鳳凰堂だ。左右に張り出す翼廊の床が持ち上げられて、柱間から向こうを見通せるだけでなく下をくぐり抜けてゆくこともできる。また、海に浮かぶ厳島神社では回廊と翼廊のつくりがどこまでも抜けている。屋根と柱と床だけで、途中に視線を遮るものは何もない。この二つは稀な例だが、結界としてなかなか興味深い題材だ。

宇治平等院鳳凰堂

厳島神社

　このように、わが国の伝統的なつくりにも個性的な題材は多く、ビル足元の回廊や翼廊を作る際の優れた手がかりを与えてくれそうだ。

モダニズムの列柱　20世紀に登場した列柱中庭の好例として、ストックホルム市庁舎(1923年、R. エストベリ設計)が思い浮かぶ。石敷きの広い中庭を有する暗色系レンガの4階建庁舎で、メーラレン湖に面するピロティは連続アーチによって支えられる。中庭からはアーチ越しに広い水面を眺めることができ、湖の側からは人々が歩んだり佇んだりする中庭の様子がうかがえる。

ストックホルム市庁舎の中庭　メーラレン湖を望む

高層ビルの足元で「透けた中庭」が際立っているのはやはり前述のリヴァハウスだが、1950 ～ 60 年代の欧米でこれに似た他の例を探すのは難しい。だが実は、この時期のわが国に多くの好例が登場している。列柱はないが、戦後いち早く生まれた鎌倉の神奈川県立近代美術館（1952 年／坂倉準三設計）では、正面階段を上がりながら次第に見えてくる 2 階の中庭は大きく開かれて印象的だ。敷地は神社の境内でリヴァハウスとはまったく異なるが、竣工は同じ 1952 年だ。

　列柱広場に関しては、庁舎建築において何人かの建築家たちが、街路からピロティを通して奥を見通せる「透けた中庭」を実現させている。街路と敷地奥部（時には反対側の道路まで）を視覚的につなげることで、街ゆく人々が敷地の奥行きを感じながら、出入りしたり通り抜けたりできるつくりだ。

　具体例としては、丹下健三による清水市庁舎（1955）や香川県庁舎（1959）、前川國男による世田谷区民会館（1959）や京都会館（1960）、佐藤武夫による大津市庁舎（1958）や旭川市庁舎（1959）があり、村野藤吾による早稲田大学文学部校舎（1962）も含めてすでに解体された例は多いが、街と建物と広場の間に優れた応答関係が成り立っていた。

香川県庁舎

京都会館

　これら現代のピロティはいずれもコンクリートの柱に支えられているが、古くからお馴染みの形式として、建物の張り出し部を石の列柱が支えるポルティコ（列柱廊）がある。イタリアなどヨーロッパ都市の旧都心部に多く登場するボルティコ注5 は、街の居心地と賑わい（にぎ）を盛り立ててくれる優れた道

具立てだ。わが国にポルティコの例は少ないが、必ずしも歴史様式の専売特許というわけではなく、現代都市においても多くのメリットをもたらしてくれる手法にちがいない。

聖なる柱から街の道具立てへ　ここでポルティコの成立過程をたどっておこう。

　人は昔から並び立つ柱（列柱）に魅せられ、大きな力を感じてきた。柱はもともと屋根や建物の上階を支えるための道具立てだが、先史時代のストーンヘンジのように柱だけが並び立つ例を見ると、単なる架構を超えた存在でもあったことが分かる。荷重を支える手段としては柱以外に壁もあるが、壁を厚みとして感じることができるのは開口部と終端部だけで、開口なしに延々と続く壁から奥行きや厚みを知ることはできない。その点、柱はそれぞれの太さが奥行きを見せてくれるので存在感は大きく、何本も建ち並ぶ時の律動感は「場」に力を与えてくれる。ただ、古代エジプトやメソポタミア、ギリシャなどの神殿内部の広間を埋めつくす列柱には人を圧する迫真性はあっても、窓のない閉塞空間なのでその力が外までは及ばない。壁から屋根が張り出し、その先端を支えるために列柱が並ぶ時、初めて建物の外観に陰影と奥行き感が生まれ、律動感も加わってポルティコならではの魅力が発揮される。

　窓のある日常的なポルティコ建築が街に登場する時、列柱越しに見え隠れする風景を内側から眺める視線が加わり、外側には建物と列柱の間を行き交う人の動きが加わって、内外の境界部にメリハリが生まれていった。列柱が内外を巧妙に隔てる結界としての役割を担い、さらにポルティコ建築が並び建つことで連続アーケードが形成されていく。道路の際や広場の縁に奥行き感が加わり、強い陽射しや雨から守られた連続歩行空間として展開していったことになる。

　ポルティコ建築が多いのはボローニャやトリノの街だが、イタリアだけがポルティコの独壇場というわけではない。街の中心部にポルティコの長大なアーケードが巡るベルン（スイス）は別格としても、パリのコンコルド広場

やヴォージュ広場、ミュンヘンのノイハウザー通りなど西欧都市の中心部には多くの例があり、東欧やロシア圏、かつてのヨーロッパ列強国が築いた中南米都市にも見られる。ただ、途切れとぎれに存在するケースが結構多く、アーケード街を形成する例としてはやはりボローニア、トリノ、ベルンが圧巻だ。

トリノのポルティコ

ベルンのポルティコ

　街路に沿うポルティコと広場を縁どるポルティコがあるが、街路の場合は列柱の内側が人の道で外側が車の道、広場の場合は内外とも人の空間だ。広場のポルティコで典型的なのは何といってもサンマルコ広場（ヴェニス）で、奥から手前に向かって広がる不整形広場の３面にポルティコが連続し、見事な囲繞（いにょう）感が生み出されている。

　なお、コンコルド広場やヴォージュ広場は内側を車道が通り抜けており、パレロワイヤルのように車に邪魔されないつくりの方がポルティコ広場にはふさわしい。ほかにも、セビリアのスペイン広場やマドリードのマヨール広

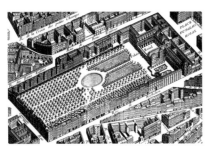
18世紀中頃のパレロワイヤル

場、ブリュッセルのグランプラス広場やリューベックのマルクト広場など、ポルティコ建築が並ぶ例は多く、それぞれ広場を縁どるアーチをくぐり抜けて、行き交う人々の姿が街を印象づけている。

　ポルティコと同様のつくりだが、

街へ顔が表れないのはイスラム圏のモスクの中庭だ。薄暗い屋内に無数の柱が並び立つ祈祷空間と隣り合う形で、明るい中庭の縁（へり）にイスラム特有のアーチが並び、密集する外側の市街地からは想像できない別世界が包み込まれている点が魅力だ。

ポルティコとアーケード　ポルティコとアーケードの語は、時に混同して用いられるが、アーケードはもともと「アーチ状の屋根で覆われた歩廊や露店街」を示す語だった。ポルティコ建築が作り出す連続歩廊はまさにアーケードの神髄（しんずい）と言えるが、アーケードが一般的な屋根付き歩廊を意味するケースも多い。18世紀以降のヨーロッパで盛んに造られたガラス屋根の店舗街はその代表例で、有名なミラノのガレリヤ（6階建）やパリのパサージュ（2〜3階）のほか、同様のアーケードがロンドン、ブリュッセル、ウィーン、モスクワにも登場している[注6]。

　わが国では多くの都市中心部に登場した屋根付き商店街がお馴染みだが、今は世界中の大型ビル内にショッピングモールとして組み込まれる歩廊の多くもアーケードと称される。天空光のまったく入らない屋内モールさえアーケードと名付けられるが、これは単なる巨大廊下にすぎず、やはりアーチの脇に空が見えたりガラス屋根によって雨風から遮断されて、時間変化や季節変化、気候変化の感じられることこそがアーケードの魅力だ。

　わが国では稀にしか出会うことのないポルティコだが、その魅力は大きい。雨雪や強い陽射しから守られて、柱間から車道の様子を垣間見ながら歩いたり、ちょっと柱の脇に佇んだりといった体験は心地良い。

　現代建築でも、張り出した上層階の下に歩廊を設けるケースは多いが、歴史様式のように先端を柱で支える必要がないため、多くは列柱のない歩廊だ。道路幅に余裕がない場合にはやむを得ないし、柱のない開放感には別の魅力もあるが、奥行き感のない単調な構図になりやすい。列柱の存在は歩道と車道の双方に対して「見え隠れ」の関係を生み出し、その繰り返しが心地良いリズム感を生んでくれる。

　ポルティコは建物のファサードに奥行き感を与えるだけでなく、歩廊部分

の幅を広げたい場合に1階の壁を奥へ送り込むだけで上階の壁の位置には影響が及ばない。だから道路を挟む向かい側との外壁間隔は変化せず、道路幅と建物高さの比が生み出す内包感がそのまま保たれるといった特徴がある。

◆注

注1　アテネ憲章には、都市が四つの基本要素（住まう、働く、憩う、交通）から構成され「緑と空間と太陽」の存在が欠かせないことが謳われている。

注2　緑の広場には樹木以外に水面や起伏のある地面も含むこととし、石の広場には、舗石タイルや砂利敷きなども含むこととする。また、緑の広場も低木や芝類だけの場合には「石の広場」の性格に似てくる。

注3　結界とは、二つの異なる領域の境界部にあって、双方をつなげたり隔てたりする役割を同時に果たす仕掛けを意味し、閾とも呼ばれる。

注4　中庭を意味する語として、英語圏には courtyard や inner court、inner garden などがあり、フランスには court、ドイツには innenhof、イタリアには cortile などの語がある。

注5　「ポルティコ」はもともとイタリア語だが、英語への直訳は「ポーチ」なので、単なる庇との区別が曖昧だ。ポルティコが連続してアーケードを形成する時には「カヴァード・ウォーク」と呼ばれることもあるが、それでは列柱の存在が隠れてしまうため、実際には英語圏でもそのままポルティコと呼ぶことが多い。

注6　パリのパサージュ（18世紀後半に多く建造され、1798年のパサージュ・デュ・ケールなど10数箇所が現存、ぬかるみの道に対して生まれたガラス屋根の買物空間）のほか、ミラノのガレリア（1865〜1877）やロンドンのバーリントン・アーケード、モスクワ百貨店のギャラリーやブリュッセルのギャルリ・サンデュベール、ウィーンのフライウンク・パサージュなどが有名。

3章
敷地と道路

3-1　公開空地

歩道状空地に頼りすぎない　広場や空地の作り方には大きく2通りがある。一つは自主的に任意な形で作る方法で、もう一つは公開空地（有効空地）として作る方法だ[注1]。前者は個人の庭に似て規模も形も自由だが、後者は誰もが入れる公共的な場として法にもとづいて作られる。公開空地の場合は位置や形状が制約されるが、作り方によって建物の斜線制限や高さ制限が緩和されたり、容積率の割り増しが得られたり、といったメリットがある。

　実際の街に多い公開空地は、ビル壁面をセットバックさせて道路沿いに設ける歩道状空地だ。もともと歩道がなかったり狭かったりする場合に、それを補強・補完してくれる効果は大きいし、ビルの威圧感や圧迫感を和らげる上でも有効だ。だが、この「歩道状空地」に頼りすぎることで生まれる弊害も見落とすわけにいかない。セットバックを大きくとり道路との間に広場を設ける手法は「外周広場型」につながるつくりだが、シーグラムビル（146頁）で見たように、ゆとり空間の増大と引き換えに、街並みや街並みの分断を招きやすい。ビルを奥へ引っ込めることでビル内の店舗街が街の側から遠ざかり、賑わい要素まで封じ込んでしまう心配がある。特に、開発敷地が二つ三つと並ぶ場合に何の策も講じないまま進めば、互いの店舗街どうしも途切れとぎれなって、街並みとしての不連続が際立ってしまう。

　そんな時、地下街を連続させることも一つの解決策になり得るが、地上での連続を実現する方法としては「沿道建物型」が大きな力を発揮してくれる。具体的には、たとえば前面道路に沿って、ビル本体、あるいは本体から離れた位置に庇を連続させる方法がある。庇の下は空っぽのまま抜けていても構わないし、小店舗などが入ってもよい。道路から庇をくぐってビルへ向かう人の流れと、道路に沿って庇の下を行き交う人の流れが混ざることで、街ら

しさは高まりやすい。ただ、こんなつくりを公開空地の規定に沿って実現するには、いくつかの難しさもありそうだ。

　実際に街を歩いていると、「沿道建物型」が少なく「外周広場型」がはるかに多いことに気づく。たしかに、緑の広がりの中からビルが頭を出すといった「公園都市」のようなイメージならば、「外周広場型」にも連続性とは別の価値が生まれるだろうが、前述（151頁）のように石やタイルが主体の広場ではなかなか成り立ちにくい。

　街に「外周広場型」が多い理由としては、「歩道状空地」の法制面の優位性も関わっていそうだ。公開空地について「東京都総合設計許可要項」を見ながら、長短を考えてみよう。

有効係数は適切か　公開空地のタイプとしては、歩道状空地、広場状空地、貫通通路（屋外／屋内）、アトリウム、ピロティ、人工地盤（サンクンガーデン／屋上庭園）、水辺沿い空地などがあるが、タイプと形状によってそれぞれ有効係数が定められていて、面積が同じでも算入できる有効面積は異なってくる。

　敷地に余裕のない場合に建物を中央へ寄せて建てることはやむを得ないとしても、広い敷地にもかかわらず周囲を大きく空ける建て方が多いのは、歩道状空地の有効係数が大きいことの影響もありそうだ。既存の歩道が狭い場合には歩道状空地が効果的だが、もともと歩道が広い場合には逆効果となりかねない。建物が必要以上に敷地の奥へ追い込まれて周囲に間延びした空間が広がり、一連の街並みから切り離されてしまうからだ。

　歩道状空地以外の、たとえば貫通通路やアトリウム、広場状空地など、建物の内側や敷地の奥側に豊かさをもたらしてくれるはずの空地に対してはもっと大きな有効係数がほしい。有効係数のせいで、目指そうとする広場や通路の可能性が狭められてしまうとしたら残念だ。いくつかの有効係数の数値について、気がかりな点を見てみよう。

　歩道状空地の場合は、地域や延長長さに応じて係数が0.8〜2.0の範囲とされているが、他の空地の係数は最大でも1.2を超えることがない。係数が特に低いのは、屋内貫通通路や広場状空地、ピロティなどだが、一般的な屋

内貫通通路（地下鉄駅や景観形成建築物と関わりのない通路）の係数は 0.3 〜 0.8 しかない。また、広場状空地は接道状況や面積に応じて 0.4 〜 1.2 の範囲とされているが、たとえば 300 m² に満たない小広場を道路に接しない位置に作ろうとする場合の係数は 0.4 にすぎない。そしてピロティも建物反対側への視界を開いてくれる有力な手法だが、歩行者ネットワークの一環として作る場合でも 0.9 にしかならない。

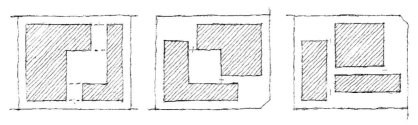

公開空地の諸タイプ（左より中庭＋ピロティ、アトリウム、貫通通路）

　有効係数に加えて、各空地のサイズ自体（幅と高さ）にも規定がある。たとえば、計画地がもともと通り抜け可能だった場合や計画地の外側で止まっている袋路がある場合に、抜け道のための貫通通路がほしい。それを公開空地として作ろうと思う場合に屋外型と屋内型の二つが可能だが、特に厳しいのは屋内型だ。屋外型は幅 3 m 以上があれば可能だが、屋内型を地上部に設ける場合には幅 8 m 以上、天井高 6 m 以上（歩行者ネットワークの一環でない場合には 12 m 以上）が必要になる。過大とも思えるこのサイズが一体どんな使われ方を想定したものなのか分かりにくいが、かなり現実離れした数値だ。だから、自由に建物内を抜けて行ける路地状の小径を公開空地として作ることはできない。

　さらに、アトリウムを公開空地とする場合には幅・高さがそれぞれ 30 m 以上必要で、これはなかなかかたいへんだ。大型開発の屋内広場としてはふさわしい数値としても、小規模でヒューマンサイズの身近なアトリウムを公開空地として作ることはできない。

3-2 ビルの懐

軒先を貸して母屋栄える　近年、ビル足元の広場の一角やロビーの片隅に売店やカフェ等を設けて、ちょっと留まったり休んだりできるつくりとするケースが増えているが、近隣者や歩行者が親近感を持てるこんな作り方とは逆に、当事者（居住者、就労者、来訪者）以外に対する排他的なつくり、すなわち自己領域をひたすら守ろうとするつくりも少なくない。

　たとえば店舗の場合、敷地内に最大限の売場を詰め込もうとする意図が先立って、自店の客しか眼中に無いようなつくりがある。敷地が狭い場合にはある程度やむを得ないとしても、一流ブランド店がショップフロントのガラス面を敷地ギリギリまで張り出している姿を見る時、店内がどんなに粋で垢抜けたデザインだとしても、その無神経さには失望を感じてしまう。了見の狭さにがっかりさせられるだけでなく、長い目で見れば店舗イメージの低下を招くことにもなるだろう。

　採算計画を立てる際に、床面積当たりの売上高を想定しながら売場面積をギリギリどこまで増やせるかを探るといった旧来型の採算計画に対して、逆に売場面積を削ってその分を街へのアピールの場に当てようという発想もあって良い。その付加価値によって面積の減少分をカバーできるだけの収益を上げようという策だ。

　昔から「軒先貸して母屋を取られる」ということわざがある。軒先だけ貸したつもりが、いつの間にか母屋まで取られてしまうことを意味する句だが、逆に「軒先貸して母屋栄える」といった積極策があるにちがいない。「大型ビルは当事者だけのものではなく、一部は街のものだ」という意識も重要で、そんな意識こそ地域への親和性を高めてくれる鍵になる。規模によって程度は異なるにせよ、ビルの登場によって生まれる環境変化のマイナス面を補う上で、他者への寛容さと包容力が貴重な代償となり得るからだ。ビルに期待されるこのような資質を「懐」と呼ぶこととし、それがどんな形で存在し得るのかを考えてみよう。

懐を作る　「懐」とは、もともと「着物の内側のゆとり部分」や「周囲を山に囲まれた奥深い場所」を指す言葉だが、転じて「外界から隔てられた安心できる場所」の意にも用いられる。そして、寛容さや包容力に富む性格を表す語として「懐が深い」という表現がある。人の性格を表す形容語だが、建物にもそのままピッタリ当てはまりそうだ。

　昔から、農家の縁側や屋敷の玄関は簡易的な接客の場としての役割を担ってきた。もっと簡略的な場としては軒下（建物から差し出された庇下）の空間があり、そこでの雨宿りや立ち話は昔ながらの日常風景でもあった。こんな場所は「中間領域」とか「緩衝空間」とも呼ばれ、完全な私的エリアでもなければ公的エリアでもない。両者にとっての中間的な領域であり、建物が包容力を発揮し、寛容さが生まれる仕掛けと言ってもよい。「緩衝」とは文字どおり「衝撃を緩める」ことだが、外来者が唐突に建物内に入ってきたり、内部の者が急に外へ飛び出したりする際の内外ギャップを和らげてくれる場でもある。

　建物の「懐」は、当時者以外の人々に対しても重要な役割を果たしてくれる。外来者がちょっと中の様子をうかがったり、通行人がしばらく佇んだり、といった行為も許してくれる場であり、まさに街と建物をつなぐ接点と言える。こんな「懐」は現代のビルにも欠かせない仕掛けで、建物の内外に存在し得るが、ここでは屋外、特にアプローチ部分の「懐」を考えてみよう。

　ビルの足元まわりにわずかでも「懐」を作ろうとする際に必要なのは、建物が道路境界から後退した余裕分のスペースで、1階だけの後退でも構わない。敷地が狭く広場と呼べるほどのスペースがなくても、壁面のわずかな凹みや軒の出、頭上の張り出しなどが最小限の「懐」を作ってくれる。そこにちょっとした手すりやベンチ、植込みや水面などが加われば「懐効果」は高まる。建物の規模が大きくなれば余裕スペースは確保しやすくなり、より積極的な懐空間を作ることが可能になるが、単に広いだけでは魅力に欠ける。何らかの演出を加えたり領域性を持たせることで、懐効果は高まってゆく。ここでは大型建物のアプローチまわりについて、いくつか具体的な懐の姿を探ってみよう。

◇独立壁を組み合わせる　塀はもともと結界の一種だが、そのままでは「隔てる」だけで開放につながらない。わが国には昔から、折れ曲がるアプローチ路にいくつかの塀や植込みを配したり、茶庭の露地のように柵や垣根を立てることで「見え隠れ」を上手にコントロールしてきた歴史がある。複数の塀や垣根を断続的に組み合わせることで見え隠れや領域性（空間的なまとまり感）を作り出すこれらの手法は、現代の前庭にも通用するし、構成材料も昔ながらの生垣や竹垣といった植物系以外に、金属やガラス、コンクリート、レンガ、石材など様々な選択が可能だ。最近は防犯上の理由から物陰を作らないことが求められるケースも多いが、目線よりも低い壁や透過性の壁を組み合わせることで、適度な見え隠れやメリハリのある 懐（ふところ）を作ることが可能だ。

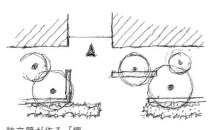
独立壁が作る「懐」

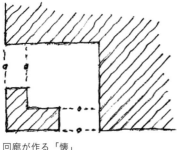
回廊が作る「懐」

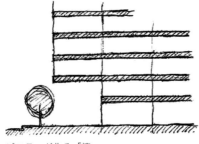
ピロティが作る「懐」

◇回廊や翼廊を巡らせる　152頁に記したような回廊や翼廊も「懐」づくりの手法として有効だ。主棟（中心建物）のまわりを囲む回廊や翼廊の張り出しによって主棟との間に生まれる中庭状の隙間が懐の役割を果たしてくれる。回廊や翼廊は同時に、道路と敷地の間にメリハリを作る結界としても力を発揮する。

◇建物を持ち上げる　建物の一部を持ち上げるつくり、いわゆるピロティも「懐」を作ってくれる。ビル全体を持ち上げてしまう大々的なピロティとは別に、建物の隅

部や中央部だけをピロティ化することによって生まれる「懐」効果だ。建物上部の張り出しによって作られるポルティコ形式も一種の「懐空間」だが、これはビル外周に沿って長く伸びる柱廊付きのピロティと言ってもよい。

◇広場を沈める　敷地の一部を沈めることにより、俯瞰景（見下ろしの景観）として眺めることのできる領域、すなわちサンクンガーデンも有効な懐になり得る。喧噪の街路から少し下がったレベルに懐を生み出してくれる適度な緩衝空間だ。

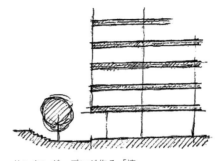

サンクンガーデンが作る「懐」

3-3　隣り合う開発

歩路と車路のレイアウト　大型ビルが登場すればその足元には広場や歩路が生まれ、車の出入りのために車路も必要になる。特に複数の開発が隣り合う場合や、道路を隔てて隣り合う場合の人と車の動線には、安全で歩き心地の良いレイアウトが欠かせない。複数の開発が一体的な構想の下に進むケースでは魅力的な歩路や広場も生まれやすいが、途中から別の開発が加わって調整が試みられる場合はなかなか難しいし、建築時期が異なるために最後まで別々に進まざるを得ない残念なケースもある。

　歩車の動線をレイアウトする際に、双方の安全と快適を目指すことは当然としても、まずは歩行者が優先だ。「人を優先するために車が遠回り（迂回）しても構わない」という鉄則は自明のはずだが、旧来の習慣や意識が強く残っていて、車のルートを最短距離で結ぼうとしたり、なめらかな線形で描き切ろうとする思い違いは結構多い。「歩行者が迂回したり上がり下がりを強いられる徒労感や心理的ロスに比べれば、車側のロスはとるに足りない」といった思い切りが必要だ。もちろん、歩路については通常の歩行者以外に車

椅子やベビーカー、時には自転車の利用まで含んで考えたい。

　複数の開発敷地が隣り合う場合と、道路を挟んで向かい合う場合について、歩車の交錯を最小限に抑えるための方策を整理しておこう。

　まず、複数の敷地が隣り合う場合には、歩路が敷地ごとに途切れとぎれになることを避ける。歩行者が敷地を越えて移動する際に、どこまで気楽で気ままな歩行が続けられるかが鍵であり、分断が生まれやすい境界部で歩路の動線がつながるレイアウトを双方で探りたい。特に敷地ごとに現れる車の進入路は大きな障害になりやすく、時に応じて次のような解決が必要だ。

①中小規模の駐車場を外周道路に沿って設け、その内側で歩路をつなげる。

②敷地が二つの道路に接している場合は、車の出入りを片側に揃え、別の側で歩路をつなげる。

③隣り合う敷地の駐車場を地下で結び合わせることで、車出入口の数を減らす。

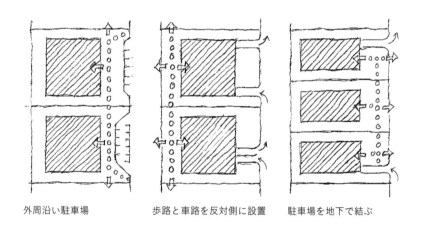

外周沿い駐車場　　　歩路と車路を反対側に設置　　駐車場を地下で結ぶ

次に、敷地が道路を挟んで向かい合う場合を考えてみよう。

①道路の振り替え：複数の敷地間を貫通する道路を外周側へ振り替える。通過交通を中に入れないことで、敷地内の車路を行き止まりにできる。

②立体化：振り替えが無理な場合には貫通する道路と歩路を立体的に交差させる。昇り降りは車の側とし、それが無理な場合は歩路の両端を建物

2階あるいは地階レベルと結ぶ。

　③歩車共存道路：立体化が難しい場合には、歩路と交差する貫通道路の車
　　道部分を簡素化し、歩行者との共存化を考える。

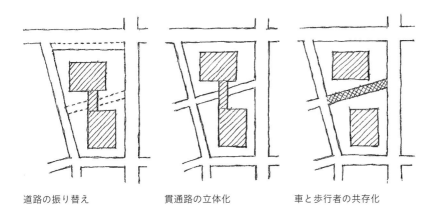

道路の振り替え　　　　　　　貫通路の立体化　　　　　　車と歩行者の共存化

車道の簡素化　　よく出会うのは、開発敷地の間を貫通する車道が両側の敷地
を必要以上に分断しているケースだ。開発時の拡幅や整備が大げさすぎたこ
とによるこんなケースを見る時、不自然さとともに痛ましさを感じる。

　車道の簡素化を考える際に欠かせないのは、地下鉄やバスなど周辺公共交
通の利便性配慮のほか、リモートワーク等の進展にともなう人や物の移動量
減少を盛り込む視点だ。旧来型とは異なる交通予測が必要だが、もう一点、

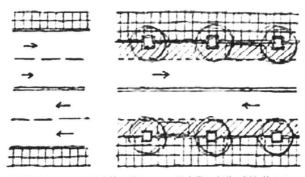

車道簡素化の例　　走行車線を減らして、駐車帯と歩道に振り替える。

簡素化とは「道路幅員全体を狭めること」ではなく、「広幅員のまま、どんな内容を盛り込むか」が重要だ。簡素化はあくまで車路部分であり、車路を絞った残りをどんな形で歩行者や車椅子、自転車などに振り向けるか、の工夫が鍵となる。たとえば上下１レーンずつを自動車用として残し、他のレーンを舗石系のタイルで仕上げれば、そこは必ずしも歩行者だけのエリアでなく、時には駐停車エリアと共用することも有効だ。

いずれにしても、車道の簡素化によって道路を挟む敷地どうしの距離感は縮まり、歩行者の横断は心理的にも楽になる。もちろん、これは新規開発に限った話ではなく、既存の街にも有効な策であり、実際に少しずつ実現が進んでいるものの、なかなか主流になりきれないのはもどかしい。

複数の開発地に挟まれた道路でしばしば目にするのは、歩行者たちが任意の箇所で敷地間を行き来する光景だ（105頁写真）。ガードレールのちょっとした切れ目や自動車出入口の脇などをすり抜けて横断する人々。こんな場所にはぜひ改造が必要だ。交通量が少なければ適宜ガードレールをはずし、随所で横断できるつくりがほしい。その場合に鍵となるのは、車の側が歩行者を気遣（きづか）いながらゆっくり走れるつくりだ。

3-4　表と裏

表のビルと背後の街　一般に、表通りに面する街区に比べて道路の狭い背後の街区の指定容積率は小さい。加えて、道路幅に応じた制限が加わるから、実際に建てられる基準容積率はさらに小さくなる。また道路幅に応じた斜線制限もかかるので道路が狭ければ建物の頭は削られる。こんな事情から、表通りと後側では建物の高さや規模形状に違いがあり、いわゆる「ガワとアンコ」と呼ばれる対比の構図が生まれる。都心近くでは対比の度合いが顕著だが、周辺の市街地にも共通に見られる構図だ。こんな表通りにビルを建てようとする時、背後の存在をどのようにとらえ、どんな意識で計画したら良いだろうか。

高いビルの建ち並ぶ表通りを歩
く時、路地やビルの隙間から背後
の街並みを目にしてハッとするこ
とがある。表通りからは裏側に見
えても実は裏ではない。上空から
見れば一目瞭然だが、この裏側部
分が占める割合は大きく、面状に

三軒茶屋駅上空から見る国道246号線

広がっている。むしろ表通りのビル群は、この広がりの縁に沿って建ち上が
る線状の壁でしかない。

　都心部なのか周辺部なのか、道路が広いか狭いか、などによって建物の性
格に違いがあるにせよ、表通りでの建て方には大きく2通りの姿勢がありそ
うだ。一つは、整った表側の顔立ちを完結させようとする建て方で、その完
結性のためには裏側をなるべく隠そうという気持が働くことになる。もう一
つは、背後の街を同時に見せようとする建て方、すなわち表と裏の対比こそ
が街のトータルな真の姿ととらえる立場だ。

　前者の場合、表の顔を綺麗に整えようと努めてもすべての隙間を塞ぎきる
ことは難しいし、似たような新しいファサードばかりが並ぶとしたら、均質
性に向かうばかりで多様性は見えてこない。舞台の書き割りにも似てどこか
空々しい。一方、後者の建て方には雑然さが残るとしても、長い年月を経た
風景こそが街にとっての貴重な財産だとみなし、その存在を取り込むことで
景観に深みが加わることになる。

　もう一点、広い通りに大きなビルが並べば後方への視線は次第に遮られ、
空の広がりも失われてゆく。そんな時、ビルに大きな開口や隙間を設けるこ
とで足元の閉塞感は和らぎ、ゆとりが生まれる。低層階をピロティで持ち上
げたり、ガラスのロビーで透かせるつくりは効果的だ。視線がビルを抜けて
後方へ届くとともに、背後の街の閉塞感も和らいでくれる。特に背後側がギ
ッシリ建て混んでいる場所ではその効果が大きい。

背後を見せる　東京には壕や運河や河川など多くの水面があり、そこに接す

る敷地にはぜひ見通しの景がほしい。すでに多くの水面が埋め立てによって姿を消してしまったとはいえ、皇居の内濠や外濠、下町運河のほか、山の手の中小河川（妙正寺川、善福寺川、神田川、渋谷川などとその遊歩道部分）がある。だが残念なことに、水面に沿う多くの建物でせっかくのメリットが活かされていない。護岸のつくりがあまりに無粋だったせいもあるだろうし、水質が悪いケースもあって、水の側が隠すべき存在になってしまっている。河川自体の改修もおおいに頼りにしたい所だ。

　一方で最近は、水面や遊歩道とその上に広がる空間を貴重な財産ととらえる建て方が少しずつ生まれている。道路側から背後の水面を感じさせる建て方が増えれば、これまで死んでいた水辺空間や遊歩空間は蘇（よみがえ）り、新たな視野が開けていくにちがいない。そして、こんな建て方が有効なのは水辺だけではない。崖地や公園の緑、寺社の境内や公共施設の広場などの安定的なオープンスペースを背後に抱える敷地で広く活用したい手法だ。

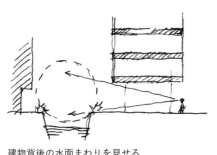
建物背後の水面まわりを見せる

表裏反転の可能性　個々の敷地にとっての「表（おもて）と裏」を考えてみよう。どんな敷地にも、建物の建て方によって表側と裏側が生まれるが、それは隣り合う敷地の建て方と相対的な関係にあり、隣地の変化によって表裏反転が起こり得る。

　商店や町家のようにビッシリ並んだ建物の場合に、道路に面する側を「表」と呼び、両脇や奥側を「裏」と呼ぶことに不自然さはない。だが建物どうしの隙間が広がるにつれて両脇は次第に「裏」から脱し、隙間の拡大とともに「表らしさ」を増してゆく。奥側についても同様で、誰もが眺めたり歩いたりできるようになれば、そこはもはや「表」のエリアだ。

　規模の大小に関わらず、どんな建物もそれぞれ別個の意思で壊されたり建

て替えられたりするから、「裏」だったはずの側が「表」に転じることはいつでも起こり得る。またその逆、「表」だったはずの側がいつの間にか「裏」になってしまうことだってある。将来の変化を予測するのは難しいとしても、いつも反転の可能性を意識しながら進まねばならない。

　街区全体、あるいはその大半を占めるような敷地ならば建物の四周に広い空地をとることが可能だが、小さい敷地では両隣りや奥側の空地は狭くなりがちだ。時には空地さえとることができないが、かといってそこを最初から裏の表情で作るわけにはいかない。隣地の建て替えによっていつでも 表 に反転し得るのだから、それにふさわしいつくりを考えておかねばならない。

　たとえば隣り合う二つの棟が壁を接するように建つ場合、時期は異なるとしても建て替えの際にわずかずつでも両棟がセットバックすれば、そこに歩路や小広場が生み出せる。敷地が前後で道路に接する場合には通り抜けの小径を生むことができるだろうし、奥が別敷地で行き止まりの場合には建物どうしの隙間にポケットパーク風の小広場を作ることができる。

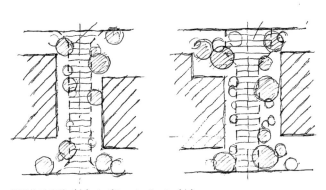

通り抜け歩路（左）とポケットパーク（右）

◆注

注1　公開空地：建築基準法の総合設計制度にもとづく規定で、空地の公共化と引き替えに斜線や高さなどの制限緩和、容積率の割り増しなどが得られる。空地以外に、公益施設や防災施設、景観形成貢献、環境貢献などに対しても緩和がある。市街地再開発や特定街区等の場合は有効空地の規定によって定められる。

4章
建築と街の接点

4-1　歩道と店舗

　街の主役は昔から人間だったはずなのに、近代以降の世界の街では自動車がわがもの顔で走り回っている。1920〜30年代に描かれた未来都市像の中で歩道はいつも影の薄い存在だったし、第2次大戦後に世界中の街が新しく改造される時の姿は、道路や駐車場など自動車の存在に大きく左右される形となった。20世紀後半から今世紀にかけて、人の存在を重視した街づくりへの移行が少しずつ進み、今は歩行者主体の街づくりも多く見られるようになっている。

　わが国の歩道も、長らく車道の脇役でしかなかったが、最近やっと役割交代が始まり、今後は「歩道こそ主役」の街づくりへ向かってゆくことになるだろう。広い道路の車線を減らして歩道へ振り向けたり、駅前広場を歩行者主体のレイアウトに作り変えるといった動きも始まり、遅ればせながら本来の街の主役（人間）に光が当たるようになってきた。あらためて歩道の価値に着目しながら、建物と街の新たな関係を考えてみよう。

歩道の充実と店構え　銀座通りや表参道など、昔からの人気ある街路の魅力は何と言っても広い歩道の存在だ。歩きながらの買物が自動車の場合と違うのは、目当ての店が決まっていなくても、ブラブラ歩きながらの気ままな店選びや、眺めるだけのウィンドウショッピングなど多様な形が可能なことだ。道幅が狭い場合にはそれも難しいが、広ければ歩道本来の魅力が発揮され、整備の進行とともに単なる通行の場からより多様な場へと変身し、広場の性格も帯びてくる。店舗の方も単に商品を売る場からもっと広い価値を提供してくれる場へ変化して、店構え（ショップフロント）にも種々新たな工夫が可能になる。

店構えはもともと、買いたい品が絞られている客に対して「どんな内容の商品か」を伝える場で十分だったが、ブラブラ歩きやウィンドウショッピングが盛んになれば、ボーッと眺めたり、何気なく留まったり、ためらったりもできる場所であってほしい。何らかのきっかけを誘発してくれる場になれば、思わず足を止める客は増え、実際に買ってくれる客の増大にもつながるだろう。そのためには、道路境界ギリギリにガラスの壁を立てるといった唐突なつくりではなく、ちょっとした 懐 や 襞 が備わることによって、誰もが気楽に佇んだり立ち寄ったりすることが可能になる。

　もう一点、インターネットの普及によって、多くの店舗情報や商品情報が簡単に得られるようになったが、発信側の情報提供が容易になった分、受け取る側とのギャップも広がりやすい。手軽で広範なウェブ情報の普及は好ましいことだが、「情報」と「実態」の差が開くケースは多く、実際に行ってみたら「こんなはずではなかった」という食い違いも起こる。飲食店にせよ物販店にせよ、実際に眺めたり触れたりできることの伝達力は、広い歩行空間とショップフロントの工夫によって高まってゆく。

廊下にも歩道の魅力を　駐車禁止だらけの東京都心では難しくなってしまったが、以前は「店先にちょっと車を停めての買物」が可能だった。車の場合、事前に目的の店を決めた上で店先に駐車するので、歩道は単に横切るだけの存在でしかなく、ブラブラ歩きで気ままに店を探すこととは無縁だった。だが駐車禁止が増えるにつれて離れた駐車場から店まで歩く機会が増え、買物パターンは歩行者のそれに近づいてゆく。

　最近は、大型店舗ビルの増加とともに、歩くルートが地下駐車場から同じビル内の店舗フロアまでというケースも増えてきた。歩道がそのままビル内廊下に置き替わっただけとも言えそうだが、この廊下は暑さ寒さをしのぐ必要もなく雨に濡れる心配もない。一見合理的に見えても、屋外の歩道とは異なり、並木や緑からは縁遠い。風を感じることもなく、雨に降られてあいあい傘といった風情も生まれようがない。

　一般に、ビル内廊下は外の街から切り離された人工環境で温湿度は一定に

保たれ、どのビルも均一な雰囲気へ近づいてゆく。街らしさや場所の空気を感じたい人にとっては物足りなくなりそうだ。廊下はもっと外気につながってほしいし、樹木が植わっていたり、街の様子を眺められたり、といった特徴がほしい。

4-2　大型ビルと街の接点

　既存の街に大型ビルが登場する時、街との間にどんな関係を作り出せるかは重要だ。特に周辺の街区が小さかったり道路が混み入っている場合には、新旧のギャップによってギクシャクした関係が生まれやすい。ビルをどんな形で街に溶け込ませたら良いか、そのため何にこだわり、どんな姿を目指したら良いかを考えてみよう。

　ビルと街のつながりを大きく左右するのは低層部分と足元広場の作り方であり、なかでも地表レベルと密接につながるフロア（地下1階／地上1階／2階など）の用途と動線、レイアウトは重要だ。いくつかポイントをまとめておきたい。

地表レベルを塞がない　大型ビルにとって、周辺に対するもっとも過酷なつくりは地表レベルをベッタリ塞いでしまうことだ。塞がれてしまえば、通り抜けは不自由になり周囲の街並みは分断されてしまう。さらに困るのは、街に不気味な死角が生まれることだ。

　開発以前に路地や小径として通り抜けできた場合はもちろん、そうでない場合も新たな通り抜けルートの設置は必須だ。閉ざされてしまえば、ビルの外周を延々と歩かねばならない徒労感は大きいし、死角が増えることで街の心地良さは失われてしまう。その時、単なる通り抜けではなく招き入れのつくりも重要であり、それにふさわしいのは立ち寄れる場所や留まれる場所の存在だ。商業施設以外の場合も、ベンチや自販機だけでなくちょっとした店舗があれば、建物内に「街らしさ」が芽生える。

分断しない工夫　駅前再開発などでは地上レベルに大型店舗の入るケースが多い。たとえ大きな売場でも、個別店の集積やフードコート風のつくりならば通り抜けや滞留は可能だが、単一店舗の場合には配慮が必要だ。広大な売場に買物客しか入れない業態の場合には、たとえば1階は自由通路を挟んで売場を二つに分け、地階あるいは2階で両者をつなぐような策もあるだろうが、忘れてならないのは、自店の客だけを優遇してそれ以外の客を迂回させる排他性ではなく、通り抜けをきっかけに生まれる親近感を頼りに、売り上げを伸ばそうとする工夫だ。

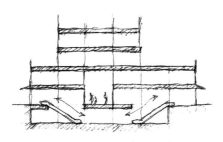

1階に通り抜けの道を設け、売場を地階でつなぐ

　大型施設の跡地開発の場合には、敷地自体が広い通りに面していても、背後の街に袋小路が多く表通りへ出にくいケースがある。旧来の施設が住宅団地など自由に通り抜けできた場合に、新たな施設内に通り抜けルートを再現するのはもちろんのこと、工場や研究施設のように通り抜けできなかった場合も、新たな通り抜け路を設けることが街の居心地にとっては必須の配慮だ。

中小店舗も入れるつくり　ビルの完成後に「大型スーパーが入って便利になったけど、面白味がなくなった」という声を聞くことは多い。魅力が薄れるのは、どこにでもあるお決まりの店だからという理由だけではない。利便性から言えば、何でも売っている量販店は便利で有難いが、それは「楽しい商店街」とは少し違う。商店街の楽しさにとって、店ごとの多様性やその集積が生み出す回遊性の魅力は大きい。いくつかの店を比べながら選ぶ楽しみや、何も買わなくても商品を見て回れる気楽さ、それはスーパーマーケットで必需品を買う便利さとは別の感覚だ。

　再開発などで事業リスク軽減のために大型店参入がやむを得ないとしても、それ以外に小型店の入る余地のないつくりだとしたら魅力は薄い。売場は小さくても、以前からの人気店が再び入れるようなつくりが必要だし、小規模

店用のスペースがすぐに埋まらなくても、しばらく待てるだけの余裕を見込んだ採算計画がほしい。長い目で見れば、このような配慮によって経営面・運営面の優位性が生まれるにちがいない。直近の数字合わせだけに頼るような採算計画やプログラムでは、長期的な人気や繁栄を期待することは難しい。

　小さな店舗が集まることの親しみやすさは、多様性だけでなく店ごとの間口寸法の小ささにも関わってくる。大規模店の前を延々と歩かされるのではなく、わずか歩いただけで次の店が現れる心理的な刺激が楽しさを高めてくれるからだ。

街に背を向けない　ビル低層部の構えや表情をどんな形で作るかは重要だ。色や形のデザインではなく、建物がどんな姿勢で街と向き合うかの作り方だ。

　建物の構えには、大雑把に分けて「内向き」と「外向き」がある。「内向き」とはたとえば、店舗や施設の多くがビル内通路の側を向いていて、外周部がほとんど車の出入口や搬出入用シャッター、上層階のためのエントランスや無表情な壁で塞がれてしまうつくりだ。外から建物内の様子を 窺 い知ることは難しいし、中の雰囲気が外へ溢れ出ることもない。一方、「外向き」の極端なケースは、外周に沿って中小店舗がズラリと並んではいるが、ビルの内側へ入って行きにくい形だ。一見、街に対して開かれているように見えるが、それは表皮の部分だけで、ビル本体の中身とは関わりにくいつくりになってしまう。

　重要なのはこのような二つの構え、すなわち「内向き」と「外向き」を上手に組み合わせることでどんな低層部を構成できるかだ。高層部がオフィス

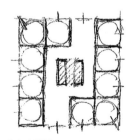 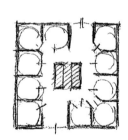 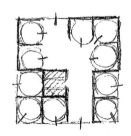

外向き配置　　　　　　　内向き配置　　　　　　両者の組み合せ

やマンションの場合には、部外者にあまり中まで入ってほしくないこともあるだろうし、逆に低層部に多くの店舗が入る場合に、求心力を内側へ集中させたいという意思が働くかもしれない。「内向き」と「外向き」、二つの相反する構えをどんな形で組み合わせるかはビルの足元に街らしさを生み出す上で重要な鍵となる。

上下の階を分断しない　通り抜けや滞留が自由にできる店舗街でも、フロアが複数階にまたがる場合には上下階のつながりが重要だ。各階の店舗がいかに美しく配されていても、上下のつながりが弱ければ「街らしさ」がそこで途切れてしまう。フロアどうしの間に一体感をもたらしてくれるのは、必ずしも一定規模の昇降装置（階段、エレベーター、エスカレーター）が一定間隔で置かれるつくりとは限らない。象徴的な場所に大きな吹き抜けや緩やかな階段があることの意味は大きいし、上下階の間にもう一つ中間階があることで一体感が高まるケースは多い。

異なる用途を分けすぎない　オフィス、店舗、マンションなどの異なる用途が一つのビルに入る時、配置や動線が適度に混ざり合う例は多いし、そこでは「街らしさ」が生まれやすい。だが一方、用途ごとにスッキリ整理し切ろうとするレイアウトも少なくない。整然としたレイアウトは利用者を混乱から救ってくれるだろうし、高級感を強調するために意図的に用いられることもあるだろうが、それが賑わいや居心地を損ねてしまうとしたらもったいない。目的や行動のはっきりした人にとっては流れを合理的にとらえ得る場としても、それは単調さやよそよそしさにつながりやすいし、部外者が入りづらいつくりになってしまう。

　オフィスのエントランスをさりげなく奥へ引っ込めたり、目立ちやすさを避けるつくりがある一方で、それを正面に堂々と置くケースも多い。だが、存在感の大きすぎるオフィスエントランスが店舗街の存在を隠したり弱めてしまうことは避けたい。またマンションの場合、出入口をことさら別格に仕立てて購入者の高級志向に訴えるつくりがあるが、多くの場合、街の雰囲気

に不似合いな中途半端さを招くことになる。たとえそれが販売策だとしても、街に対する建物の親和性は下がるし、当の住人たちにとっても真の快適さにつながるとは限らない。適度な混ざり合いを許容し、用途や動線が交錯する中から予期しない面白さや居心地が生まれることが「街らしさ」の神髄だ。

4-3　大型住宅団地と街の接点

　20世紀型の団地やニュータウンで一般的だった開放的なつくりに比べると、近年は高級感を掲げる販売方針やセキュリティ強化のせいだろうか、閉鎖的なつくりのマンションや住宅団地が増えている。「敷地内は誰もが自由に出入りできない私的な領域であり、どんな形で作るかは当事者の意思次第だ」といった考えが根底にあるのかもしれない。

　だがたとえ私的領域であっても、規模が大きくなれば公共領域に準ずる配慮が必要だ。それは、規模の大きさ自体が周辺に対してプレッシャーを与えるからであり、それを和らげるための方策として、周囲への貢献が欠かせないという理屈によるものだ。

　マンションや団地には居住施設としてのプライバシーがあり、街との接し方は先のオフィスビルや商業ビルとは異なるとしても、「他者（近隣者や通行者）がどこまで建物に近寄れるか、そして通り抜け、留まれるか」は重要だ。その度合いによって敷地内の「街らしさ」が高まるだけでなく、周囲からの親近感が増して、受け入れられやすい存在へ近づくことになる。

近寄れる／留まれる／通り抜けられる　他人を寄せ付けない団地は周囲から見れば得体の知れないブラックボックスに近く、排他性の高い存在と言わざるを得ない。だが、そこに少しでも「近づきやすさ」が加わることで親和性が生まれるのは商業施設やオフィスビルの場合と同様だ。大規模団地やマンションに必要なのは、他者が周囲を延々と歩かねばならない苦痛を和らげてくれる「通り抜け」であり、その途中に「留まれる」場所があれば親和性は

より高まる。「留まれる」ためには何らかの仕掛けが必要だが、ちょっと座ったり草花を眺めたりできるつくりはそれにふさわしい。さらに、自販機やインフォメーションボードの設置、井戸やかまどなど緊急時の共用設備の設置も有効だ。

　ここで「近寄れる」とは、文字どおり「近くまで寄れる」ことのほかに「中の様子が外へ伝わる」つくりも含んで考えたい。中まで入って行けなくても、外から様子を感じとれるか否かの差は大きい。たとえば「壁で閉ざされてまったく様子の分からない庭」に比べれば「入れなくても外から見える庭」は不気味さを和らげてくれ、周囲への親和性が高まるからだ。

　以上の諸点から、分棟型の団地に有効な接近性の形を整理してみよう。

①住棟を公園の中に散りばめるようなイメージから構想をスタートする。
　　かつての団地がそうだったように建物周囲の空地（歩路、植込み、広場、
　　遊び場など）は自由に通ったり入ったりできる共用エリアとなる。

②防犯等の理由から①が難しい場合には、通り抜け可能な住棟間の小径と
　　各住棟周囲の専用庭とを並木やフェンスで隔てる。

③全体規模が小さく、外周部しか解放できない場合も、外周路を退屈な道
　　とせず、ちょっと座れたり緑を眺めたりできるつくりとする。

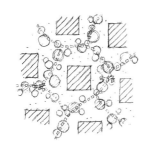
公園型

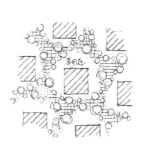
遊歩道＋専用庭

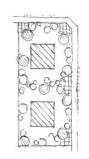
外周路型

　ケースによって度合いは異なるにしても、プライベートエリア（住戸や専用庭）の外側をどこまで「自由に行き交える場」にできるかが、街との優れた関係を作る上での鍵となる。

5章
建築のつくり

5-1　建築のプロムナード

プロムナードの性格　どんな建築も構成の中身を大きく分ければ、用途や目的のはっきりしたエリア（個々の部屋）とそれらをつなぐエリア（廊下やホール）がある。前者はたとえば、事務室、会議室、店舗、レストラン、トイレといったように名前を付けて呼べるので分かりやすいが、後者は少し曖昧だ。単に部屋どうしをつなぐだけならば廊下と呼べばよいが、いつもそうとは限らない。玄関やエレベーター前のホール、溜り場としてのロビーやラウンジ、講堂や演奏場のホワイエなども含まれ、それは各所にふくらみを持ちながらつながってゆく帯のようなイメージだ。では、この帯を何と呼んだら良いだろうか。

　街になぞらえて、ここでは「プロムナード」と呼ぶことにしよう。内容的には、用途や目的が限定されず、融通性と寛容さを備えた緩やかな帯で、建物全体の輪郭を作る「柔軟な骨格」と言ってもよい。プロムナードはいつも長く伸びる形とは限らない。たくさんの部屋が一つのホールを囲む場合には、ちょうどプラザ（広場）のような形状だ。だが、プラザは多くの部屋を房のように抱え込むことができる反面、部屋数の増加とともにとりとめなく広が

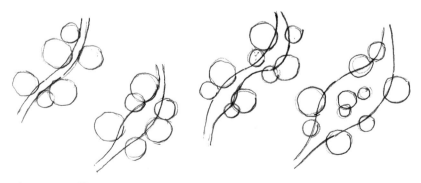

プロムナードの諸パターン

ってしまう。そんな時には、いくつかの小さなプラザがつながった連鎖状の
プロムナードが有効になる。プロムナードは途中で広がったりくびれたりす
るだけでなく、枝分かれしたり合流もする。時にはプラザ型の広がりの中に
個々の部屋が島のように浮かぶケースもあり、その時のプロムナードはパー
ク（公園）のような性格を帯びてくる。

　近年のビルで時々気になるのは、複雑な用途を多く詰め込みすぎるせいな
のか、あるいは人の直感から離れた図式的な発想による設計のせいなのか、
プロムナードの輪郭がボヤけてしまい、全体の成り立ち（空間の筋道）が見え
にくくなっているケースだ。建物規模が大きくなれば、防火区画や避難経路、
冷暖房やセキュリティの区画などが複雑に入り組んで、間取りの作成に多く
のエネルギーを要するのはやむを得ないとしても、そのために全体の分かり
やすさや使いやすさがないがしろになってしまっては本末転倒だ。

　図面上で見る整然としたレイアウトや、館内マップ・誘導サインなどで表
される分かりやすさと、実際その場に身を置いた時の感覚的な分かりやすさ
とは必ずしも一致しない。「あっちへ進めば○○がありそうだ」とか「この
向こう側が○○へつながっていそうだ」といった、直感に訴えるような分か
りやすさが重要で、そのためにはプロムナードづくりに十分なエネルギーを
費やさねばならない。

　動物が未知の環境に放り込まれた時に起こす最初の行動がある。まず、そ
こがどんな場であるかを把握するためにせわしく動き回り、ほどほど把握で
きた後に少し落ち着きを取り戻す。人の心理や行動もこれに似て、全体をど
こまで把握できているか、その度合いが行動を左右する。緊急時に避難の道
筋を探るためだけでなく、「心地良い場所」として感じたり過ごしたりでき
るといった平常時の心理にも大きく関わってくる。優れたプロムナードこそ
がそれを助けてくれるはずだ。

プロムナードの役割　建築内のプロムナードは街の広場や散歩道とは違い、
不特定多数の誰もが入ってゆけるエリアと、限られた人たちしか入れないエ
リアとがある。前者はたとえばビル内のアーケードや店舗街で、後者はオフ

ィスやマンションの専用ロビーや廊下だ。公開エリアと限定エリアの境界が
どこにくるかはケースごとに異なるとしても、プロムナードは建物全体にと
って芯のような存在だ。芯と言っても果実のように硬く丈夫な芯ではなく、
中身がガランドウの柔軟な帯で、進むにつれて全体の成り立ちが見えてくる
ような、「筋書きを教えてくれる道」と言ってもよい。

　ビル全体を樹木に見立てれば、幹や枝がプロムナードで、葉や花や実は個々
の部屋に相当する。樹木の幹や枝には本体を支えるための強さが必要だが、
建築のアウトラインを形づくるプロムナードは空洞の連続体だ。あえて樹木
にたとえれば、何本もの細い枝からなるプロムナードもあれば、数少ない枝
や太い幹だけのプロムナードもある。

　プロムナードづくりに工夫を凝らしたビルとは対照的に、もっぱら案内マ
ップや誘導サインを頼りに来館者を目的地へ導こうとするビルがある。来館
者にとって、事前に教わった目的先を記憶し、案内表示をたどりながら目的
先へ到達することはそれほど難しくないし、慣れてしまえば毎回サインを読
む必要もないだろう。だが、人がビルを訪れるのは目的がはっきり定まって
いる場合だけでなく、目的を決めてスタートしても途中で行き先が変わるこ
ともある。そんな曖昧さを許容してくれるのが建築に備わるべき寛容性だ。
面白そうな場所を探しながらブラブラ歩く人もいるだろうし、行く先が決ま
っていても途中で寄り道しながら目的地へ向かう人もいる。そして万が一、
異常事態が起こった時には少しでも早く逃げ道を見つけねばならないが、そ
の時にサインよりもまず直感に頼ろうとする人は多い。こんな行動パターン
に対しても柔軟に対応してくれるのが優れたプロムナードに違いない。

　用途のはっきりした個別空間を順次積み上げてゆく設計作業の中で、なか
なか数値に換算しにくいのがプロムナードの価値だ。設計段階で見落とされ
たり、予算や規模の制約でカットされてしまうケースもあるだろうが、全体
の筋書きを支える上で重要性は大きい。とりわけ、用途や機能が複雑な建物
では、細部を煮詰める作業と全体を睨みながら筋書きを整える作業との間で、
緊密な協調と柔軟な再考が欠かせない。

アナログ型とデジタル型　初めて訪れようとする時、行きたい場所を感覚的にとらえることの容易なビルもあれば、案内マップやサインを見ながらやっとたどり着けるビルもある。特に建物規模が大きかったり館内のつくりが複雑な場合は感覚だけでたどり着くことが難しく、マップやサインに頼らざるを得ない。それはある程度やむを得ないとしても、やはりビル全体の分かりやすさを左右するのはプロムナードの善し悪しだ。

建物の全体像を知らなくても、マップやサインをいちいち確かめることなく、おおよその全体構成が把握できるビルは「アナログ性が高い」と言ってよいし、逆の場合には「デジタル性が高い」ということになる。

最近は、デジタル的な思考や判断に慣れた人が増えているとしても、アナログ感覚による安心感や確実性をおろそかにしてはならない。それを明確に教えてくれる鍵を、実はコンピューター自体の発展プロセスの中に見ることができる。誕生期にはごく限られた人たちしか扱えなかったコンピューターだが、やがて大勢の人たちが扱えるパソコン普及期に入り、さらに誰もがスマートフォンやタブレット端末を気軽に使いこなせる成熟段階に達した。この発展プロセスの中身をよく見ると、あくまでデジタルな原理でしか動かない機器を、いかにアナログ感覚で扱いやすくできるかというマン・マシン・インターフェースの発展だったことが分かる。空間把握に当てはめるならば、建物全体を、どこまで直感的に把握できるアナログ的構成として作り上げることができるか、の重要性が見えてくる。

一つ補足が必要なのは、「建物にとって、分かりやすさだけがすべてではない」ことだ。特に商業施設では、単なる「分かりやすさ」が「つまらなさ」につながるケースは多い。中に入った途端にすべてが見渡せてしまう空間が分かりやすいことはたしかだが、同時に未知部分の少ない退屈な空間にもなり得る。逆に、なかなか全体を見渡せない空間には、進むにつれて次第に新たな場面が見えてくる面白さがある。ただしここでは安全面の考慮も必要になり、二つの矛盾する要素をどのように組み合わせたら良いかは簡単ではない。「分かりやすさ」と「面白さ」の両方を合わせ持つプロムナードを考えねばならないからだ。

たとえば川の流れを思い浮かべてみよう。自然の河川に比べると、改修された直線的な水路や運河は一見分かりやすそうだが、実はどこもが似た風景なので何のサインもなしに自分の居場所をつかむことは難しい。一方自然河川の場合は、川幅や曲がり具合、渦や流れの特徴によって場所の判別がしやすい。それでも、上流へさかのぼるにつれて何度も枝分かれを繰り返す内に全体の把握はあやふやになってしまう。

ここで、川の特質に注目してみたい。上流から河口へ戻りたいと思えば、どこからも迷わずに戻ることができる。流れに沿って下れば必ず河口へたどり着けるからだ。この「流れの特性」を何らかの形で建築に持ち込むことができれば、緊急時も怖くない。こんな性格のプロムナードを作れないものだろうか。水の流れる方向をどんな形で表現できるかが鍵になるだろう。

5-2　オフィスと店舗街

広すぎるロビーに「とりつく島」　大型ビルの玄関には広いロビー、小型ビルにはこじんまりしたロビーというふうに、規模に応じた広さのロビーを考えるのが常識的だろうが、実際には必ずしもそうなっていない。ビル自体が小さいのにロビーが異様に広かったり、ビルが大きいのにロビーが意外に狭かったり、というようにつくりは様々だ。

規模のわりにロビーが大きい前者は、出入りの通行以外に「立派さをアピールしたい」とか「接客スペースも兼ねたい」など、昔で言えば屋敷の玄関に通じる発想があるだろう。一方、規模のわりにロビーが狭い後者はどうだろうか。単に通過するだけのロビーを小さく抑え、その分をオフィス本体へ振り向けたいケースもあるだろうが、それではラッシュ時の混雑が心配だし、旧来の感覚からすれば企業のイメージアップ面でも不利になりそうだ。ただし、テナントが複数の小事業者やベンチャー企業などの場合には、出退社時間にズレがあったり、来客が社屋の体裁には無頓着というケースもありそうだ。特にフレックスタイムやリモートワークの進展によってロビーのつく

りは、かなり変わってゆくかもしれない。

　最近、異様に広いエントランスロビーが気になるケースがある。出入口の周辺が広いに越したことはないが、フロアの大半がロビーに当てられて、ソファーなどもほとんどないガランとしたケースに出会ったりすると一瞬たじろぎ、入ってはいけない所へ来てしまったような気分になる。そんな時、ロビーの一角にカフェやちょっとした売店、インフォメーションコーナーなどがあればホッとできる。上階のオフィスに用事がなくてもビルへの親近感を感じることができ、わずかな愛着も生まれる。何のとっかかりも見つからない状況を指す言葉に「とりつく島がない」という表現があるが、やはり広いロビーには何らかの「とりつく島」がほしい。

　近年は、災害時の一時避難スペースとしての受け入れを想定したロビーも現れて、普段は物を置かないのが原則だったりする。たしかに日常的な用途を詰め込みすぎれば、いざという時に使いにくくなってしまうだろうが、それにしても緊急時のために年間の大半がガランと空いているのは寂しいし、もったいない。両者の兼ね合いを上手に仕組んだレイアウトが必要だ。

　一方、ロビーの一角を展示エリアに当てたり、ミニコンサートなど小イベントを催したりといった積極的なケースも増えている。ロビーが玄関ホールの延長空間の役割を超えて、ビル内に「街らしさ」をもたらしてくれることは、大型開発の見返りとしての街への貢献の点からも大いに頼もしい。

「分ける」よりも「混ぜる」　大型オフィスの足元に店舗が入る時、オフィスロビーと店舗街がどんな形で組み合わさるかによって「街らしさ」に違いが表れる。両者を異なる用途としてはっきり分けようとするゾーニングもあれば、適度に混ぜ合わせようとするゾーニングもあって、そこでは「街の特徴をどんな形でビル内に持ち込むのか」が性格を決めることになる。

　以前、セキュリティゲートが珍しかった頃は、両者が自然に混ざり合う形が普通だったが、近年は区分が明確すぎるためにぎこちなさが生じるケースも増えている。店舗数が多くなればオフィスロビーを明確に分ける方が良いとしても、少ない場合には誰もが店舗街へ自由に入って行ける雰囲気がほし

い。ビル内店舗は、上層階で働く人たちにとっての飲食・買物の場であるだけでなく、近隣者も気軽に利用できることが街との親和性を高めてくれるからだ。特にセキュリティ面から店舗とオフィスの動線を明確に分けざるを得ない場合も、そのために居心地が低下するのは残念だ。ビルの足元は街の一角でもあり、いかに「街らしさ」を持ち込めるか、大いに工夫がほしい。

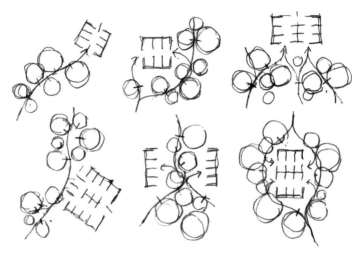

オフィスエントランスと店舗街

　最初から行き先が決まっている来館者は別として、複数の行き先があったり目的を定めずに訪れる者にとって、エリアやルートがはっきり分かれたつくりから「街らしさ」を感じることは難しい。来館目的の多少に関わらず、ちょっと立ち寄ったり留まったりできて、行き先を気軽に変更できるつくりこそ「真の街らしさ」だ。そのためにはオフィスロビーと店舗街をさりげなく、かつ混乱が起きない形で結び合わせることが鍵になる。

　なお、「街らしさ」の問題とは別だが、オフィスロビーと店舗街の間に不自然なアンバランスを感じることがある。店舗街の混雑度に比してオフィスロビーが異様に広く、ガランと空いているようなケースだ。相互に補完し合

えるスペース配分はないものだろうか。特に昼食時の飲食街は、混雑が生み出す熱気や人いきれに加えて、あちこちの店から漏れる匂いが混ざり合って複雑な雰囲気だ。換気設備を完備した新しいビルでも、他店から漏れるわずかな匂いが食事環境を邪魔して、店ごとに異なるはずの個性が損なわれてしまう。もっと外気（屋外の空気）の恩恵を活かせるレイアウトがありそうだ。

たとえばオフィスロビーの余裕ある一角を屋外空間とし、その部分を下階の店舗街から外気へつながる吹き抜けスペースとしたらどうだろうか。オフィスロビーの眺望や開放感を損なうことなく、地下街が外気と接する半屋外空間へと転じ、換気装置だけに頼るのではない快適さが生まれるにちがいない。

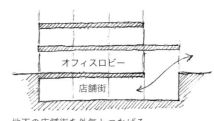

地下の店舗街を外気とつなげる

5-3　大型複合店舗と街らしさ

近年、都心部には大型ビルに多くの飲食店や物販店を組み込んだ複合型の店舗ビルが増えている。昔ながらの共同店舗ビルのような個別店の同居とは少し異なり、フードコート風のエリアや吹き抜けを囲む売場、少し迷路的なレイアウトや屋外テラスを備えたつくりなどバラエティーに富んでいる。つくりとしては、かなりギッシリ詰め込まれるケースから、廊下幅や天井高を大きくとったゆとりあるケースまで様々で、店舗も 40 〜 50 店から、六本木ヒルズのように 200 店を超える大規模なケースまである。

一つのビル内に多くの売場が入る形式としては戦前からデパートがあったし、70 年代以降は複数の店舗が同居するビルが各地に登場するようになった。だが同じ街並みの中に、規模は小さくても高級なブランド店があったり建物は古くても高名な老舗があったりと商店街の構成は多様で、共同店舗ビルと他の個別店が共存できる構図だった。その後、共同店舗ビルが増え続けて小

規模店や個別店の存在感が次第に薄れていくが、それでも規模やつくりとは別にそれなりの価値を持つ店は残り、大型ビルの陰にまったく姿を消してしまうことはなかった。だが2000年前後になると、個性的な老舗やブランド店などをすべて抱き込む形で大規模複合型の店舗ビルが現れ、突出した存在として街を圧するようになってきた。

そんな大型複合店舗ビルの多くに共通するのは、ビル内の店舗群が外の街から切り離され、「既存の街に溶け込もう」とする姿勢よりも「既存の街と縁を切った形で別世界を作ろう」とする姿勢が強く表れている点だ。フロア面積に比して階数が増えれば、昔ながらの商店街が有した「ブラブラ歩きの気楽さや心地良さ」から遠ざかってしまう心配も生まれる。

今後は一つの商店街をスッポリ呑み込んでしまうほどの大規模ビルが増え、それが主流になってゆくのだろうか。もしそうだとすれば、ぜひ「かつての街らしさ」を取り込むようなつくりを備えてほしい。

街らしさの原点　「かつての街らしさ」が何だったかを確認しながら新たな大規模店舗ビルの姿を考えてみよう。

◇ブラブラ歩きの心地良さ　昔ながらの商店街とは異なり、ビルが高層化すれば多くのフロアが縦に積み重なって水平移動よりも上下移動の度合いが多くなる。それをエスカレーターが支えてくれるにしても、フロアが何層も重なるようなつくりではブラブラ歩きの感覚から遠ざかってしまう。店舗が多層階にまたがる時に欠かせないのは、気軽に上下移動できるつくりとともに、他の階の様子を眺め感じることのできるつくりだ。そのためには、見通しの良い吹き抜けやエスカレーターの適切な配置、広く緩やかな階段、上下移動を容易にしてくれる中間階やスキップフロアも頼りになりそうだ。

◇佇める場所　大型店舗ビルの中は、素早く目当ての店を見つけてショッピングや飲食にいそしむ者もいれば、好奇の目であちこち探し回る者、ちょっと疲れてボーッと立ち止まる者など、人々の動きは様々だ。多くの店が整然とレイアウトされたビルは、どんな店を訪ねたいかはっきりしている者にとっては迷う時間もなく効率的で都合が良いが、明確な目的なしに気ままなシ

ョッピングをしたい者や、これといった店になかなか出会えず、ちょっとた
めらったり休んだりしたい者にとっては留まれる場所がほしい。外の様子が
望める窓や、見通しのきく吹き抜けの脇にちょっと座れるコーナーなどがあ
ればホッとできるが、淡々とつながる通路だけでは徒労感が増し、テーマパ
ークにも似た強制感に襲われそうだ。

　昔ながらの街には無駄な空地やわずかな隙間があったし、近年のビル足元
にも新たな広場や遊歩道が生まれており、それらが曖昧さを許容してくれる
受け皿となっている。もし今後、店舗街のビル化がさらに進むならば、ぜひ
そんな寛容さを備えたつくりであってほしい。

◆余剰のスペース　飲食系にせよ物販系にせよ、一定面積内に収益性の高い
売場や客席を目一杯詰め込もうとする時、ないがしろになりやすいのは余剰
のスペースだ。旧来型の収益計算ならば、売場面積や客席数が減るようなレ
イアウトは敬遠されるだろうが、一見無駄そうなスペースが来館者へ心のゆ
とりを与えてくれる効果は大きく、それが客の誘引にもつながるはずだ。

　日々暮らす身近な街とは別に、異空間で過ごす体験にはそこそこの快感や
刺激があるとしても、意図的すぎる空間だとしたら、回を重ねるにつれて退
屈感が増し、居心地の悪さが目立ってしまう。目新しさに惹かれて訪れる者
だけを対象とするならば、ゆとりなしに決断を迫るレイアウトもあり得るだ
ろうが、リピーターを視野に入れながら「真の街らしさ」を提供できる空間
はそれとは異なる。

◆街の風景を遮断しない　欧米の広場や街路に並ぶオープンカフェやレスト
ラン、アジアの街に特有のザワザワした屋台や露店の魅力が大きいのは、街
の空気に直接触れられるからだ。屋外の暑さ寒さには左右されるし、あちこ
ちから雑踏や車の音も聞こえてくるが、街の動きをじかに感じながらの飲食
や買物には特有の気楽さと開放感がある。

　近年の大型店舗ビルには、窓のまったくないケースや、客席に窓があって
も通路まで光の届かないケースは結構多い。特に広場や歩道の並木が美しい
場所や遠くの街並みが見渡せる場所なのに、それが遮断されたつくりにはが
っかりさせられるし、もったいない。館内から窓越しに樹冠の緑や街の遠景

が見えればホッとできるし、通路の一角に椅子が置かれていれば居心地は高まる。バルコニーへ出られればさらに快適だ。

◆外気との接触　昔ながらの商店街は店から出た所がすぐに屋外だったから、夏は暑いが冬はほてる体がひんやりし、中間期（春秋）には心地良い風に触れられて、屋内外のメリハリがあった。道を歩けばあちこちから焼き物や揚げ物の匂いが漂ってきたりもした。70年代以降も多くの店舗ビルの廊下やトイレには空調がなく、建物内でも寒暖の差が普通だった。

　それに比べると近年の店舗ビルは、廊下や通路からトイレまでほとんどが完全に空調制御されている。夏の涼しさは有難いとしても、冬に厚着のままビルに入ると店に着くまでに汗をかいてしまう。外気が快適なはずの中間期に自然風の入らない息苦しさに包まれることもある。数値的には快適な温湿度に設定されているはずなのに、人工環境の限界を感じてしまう。

　匂いについては、換気設備が整っていても館内が完全に無臭というわけにはいかない。フードコートのエリアでは匂いが混ざり合い、「どの店に入ろうか」と歩く時、どこからか予期せぬ匂いが漂ってきて判断がゆらいだりもする。所々に屋外テラスがあれば外気に触れることも可能だし、いっそのこと通路や廊下がすべて屋外に解放されたつくりならばどんなに快適だろうかと思えてくる。エコロジー面のメリットだけでなく、近年の感染症対策にも効果は大きいにちがいない。

◆見た目の多様性ではなく　ビル内には何らかの基準で選ばれた店が集約され、レイアウトも飲食系と物販系、若者向けと年配者向け、大衆店と高級店、などとジャンルごとにエリア分けされているケースは多い。雑多な要素や無駄な要素があまり混ざらないから合理的とも言えるが、「多様な店舗と品ぞろえ」という宣伝文句とは裏腹に、どうしても均質な店舗街になりやすい。

　街はもともと、異なる人々がそれぞれ多様な目的で行き交い、ごくありふれた風景の中に、晴れがましい光景や、時には少し見苦しい光景が混じり合う場所だった。そんな多様性を感じながら過ごせることが「街らしさ」の魅力でもあり、それをビル内に持ち込む工夫もぜひほしい。

商業店舗ビルの装い　1984年、那覇市の国際通りに「フェスティバル」（安藤忠雄設計）が登場した。商業施設には珍しく柱も壁もコンクリート打ち放しだったが、もっとも特徴的なのは1階から7階までが吹き抜けて頂部が空へ開かれ、全フロアが外気に接していた点だ。暑さ寒さはともかく、廊下には街路感覚に近い開放感があった。後に壁が白く塗られて以降も開放的な特徴は残ったが、残念ながらその後の改造で今は閉じられている。

フェスティバルの吹き抜けと階段

　商業施設に限らず、1950 〜 70代のモダニズム建築には、柱や梁など躯体だけでなく設備配管まで露出した野性的なつくりが多かった。それに比べると近年は内外を仕上げ材で綺麗（きれい）に包み込んでしまう建築が多い。特に商業施設では綺麗な装いが好まれるのだろうが、かつてモダニズム建築が有した「粗野な開放性」の魅力も思い起こしながら、その価値を再考したい。

直行する通路／屈曲する通路　ビル内店舗の通路には、分かりやすさとは別に回遊性のルートづくりやちょっとした迷路風のつくりが持ち込まれるケースがある。直行型通路と屈曲型通路にはそれぞれ長短ありそうだ。それぞれの善し悪しを考えてみよう。

　社寺の参道のように「行った道を戻って来る」つくりには回遊性が薄いが、少し離れた位置に立ち寄る場所が加われば行きと帰りが別ルートに分かれ、回遊性が高まる。それぞれの道は直線路でも構わないが、「回遊」の語には「楽しみながら歩く感覚」が含まれるから、少しうねった道の方が回遊気分が高まる。ビル内の店舗街も同じで、利便性や合理性とは別に回遊性や屈曲性が魅力を高めてくれるケースは多い。

　直交する通路に整然と店が並ぶ店舗街はシンプルで分かりやすく、並行する通路の数が増えても、案内図やサインによる識別や誘導が容易だ。行く先

が決まっている場合には素早くたどり着くことができて都合が良い。

一方、通路が屈曲すれば個々の店にもゆがみが生じ、歩行時の方向感覚は失われやすい。それでも一本道なら迷う心配は少ないが、道の数が増えたり分岐やループが加わると次第に迷路状態に近づき、案内図があってもなかなか目的地へたどり着けない。こんな場面で役立つのは、番号やサインではなく所々に現れる個性的な店構えや看板だ。街に照らして考えれば、広場のようなふくらみや、坂のような勾配も方向感覚や位置感覚を助けてくれる。

店を訪れる客にとって、どちらが優れたレイアウトだろうか。分かりやすくて早くたどり着ける合理性が良いのか、それとも多少ウロウロしたり、時には迷いながら目的地へたどり着く面白さが良いのか。人の性格にも左右されるが、同一人でも時と場合によって異なりそうだ。買物や食事を短時間ですませたいのか、あちこち覗きながらゆっくり楽しみたいのかによって状況は変わる。こんな二つの対照パターンは、格子状道路がどこまでも広がる北米の街と、入り組んだ道の先に思わぬシーンが登場するヨーロッパの旧都心部やアジアの街の違いに似て、それぞれ特徴的だ。

店舗街の通路にとっての重要ポイントとして緊急時の避難があるが、どちらのパターンがベターだろうか。「整然としたパターンに決まっている」という答えが一般的だろうが、必ずそうだとは言い切れない。出火時も、煙に包まれる前ならば案内図や通路番号が頼りになるが、煙に包まれた中では緑色の誘導灯だけが頼りだ。通路が整形パターンの方が方向はつかみやすく、前後左右のどちらかに直進すれば避難出口に近づける可能性は高い。だがすべての通路の両端に出口があるわけではなく、何度か折れ曲がる必要があるとすればルートは複雑にならざるを得ない。屈曲型の通路も、曲率が緩やかでループなどの複雑さがなければ直交型パターンとそれほど変わらないが、急カーブやループが加わればどうしても避難は不利になる。そんな時に誘導を助けてくれるのは、たとえば通路の幅だ。自然の河川では、太い流れを選んで進めば下流へ向かうことができ、最終的に河口まで到達できるが、通路にもこの性質を当てはめることができないだろうか。

避難の容易さを理由に常に直交型の通路を選ぶのではなく、屈曲路の魅力も視野に入れながら、それぞれの店舗街にふさわしい形状を探りたい。

直交型通路

屈曲型通路

5-4　アトリウムとピロティ

温室型ではなく　大型ビルのロビーにはアトリウム形式も多い。アトリウムはもともと古代ローマ期の住居中庭を意味する語だが、今はビル内に自然光が入る大型吹き抜け空間に用いられることが多い。この現代版アトリウムの先駆は、19世紀後半から20世紀初頭にかけてヨーロッパに多く登場した鉄骨造ガラス屋根の大空間だったが、その後の半世紀は登場例が少なく、アトランタやサンフランシスコのハイアットホテル（1967／1973年、J.ポーツマン設計）、ニューヨークのフォード財団ビル（1968年、K.ローチ設計）の登場で華やかに蘇ることになった。それ以降は世界中へ広まり、わが国にも多くの例が実現している。

　大型ビルの中に自然光の注ぐアトリウムを設けることの効果は大きい。この巨大な隙間のおかげでビルの底部や奥部まで明るさが届くだけでなく、建

ハイアットホテル（サンフランシスコ）

フォード財団ビル（ニューヨーク）

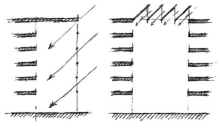

垂直ガラス面から採光するタイプ

物全体の中での自分の位置が確認しやすくなる点も大きなメリットだ。もっとも、アトリウムが巨大すぎるために威圧感が目立ったり、肝心の自然光が隅まで届かないケースがあるのは残念だ。

　アトリウムは「良いことずくめ」というわけではない。晴天時には眩しさを和らげるための遮蔽装置が必要だし、曇天や雨天時に明るさを補うための照明が必要なケースは多い。侵入する夏の熱や放散する冬の熱を抑えるためには断熱も必要だし、天候や季節変化への対応は、アトリウムの方位や形状に左右されるので、それにふさわしい工夫が欠かせない。

　登場初期に多かった巨大温室のようなアトリウムは少なくなったが、それでも大きすぎて威圧感の目立つケースや、ガラス面の大きさがエネルギーロスを招きそうなケースに出会うことがある。眩しさを避けたりエネルギー負荷を軽減するために、ガラス面を細長いスリットに分けたり、水平面ではなく垂直面にガラスを用いることは有利だろうし、レイアウト的にも小さめのアトリウムを分散的に置いたり、帯状に伸びる平面形状とすることでヒューマンサイズの居心地を高めることが容易になる。

　アトリウムを計画する際に重要なのは、そこにどんな用途や活動を期待するかのイメージだ。それなしに広いだけのスペースを作っても虚しい結果にしかならない。時には実質的な用途ではなく「象徴的な場所」を作ることに意味のあるケースもあるだろうが、その場合もアトリウムだけが唐突に存在するのではなく、隣り合う空間とのつながりを断ち切らない工夫が必要だ。

　アトリウムの用途やそこでの活動を考える手がかりとして、街の広場がどんな形で利用されているかを思い起こしてみたい。日常的用途として多いのはカフェテラスや青空市場であり、催しとしては祭りや展示会、コンサートなどがある。行為としては「集う」「憩う」に加えて「飲食」「売買」「見る／聴く」「歌う／踊る」などだが、やはり広場を支えるための最小限の要素

は「憩う」と「集う」だろう。そのためには「立ち止まったり」「腰を下ろしたり」「語り合ったり」できる場が重要で、「軽い飲食」ができればベターだ。

こんな広場の原点を念頭に置きながらアトリウムの具体的イメージを構想すれば、単に大きいだけの温室型アトリウムから脱することができる。形状面も、一体広場型以外に帯状に伸びるタイプや小広場が分散的につながるタイプがあって良いし、フラットな床だけでなく、いくつかの異なるレベルが並ぶ棚田のようなタイプも魅力的にちがいない。

アトリウムの限界　自然光や植物と触れ合うことができるアトリウムでの体験は親自然的ではあるが、屋内ならではの限界にも留意したい。

第一に、四季折々の暑さ寒さを肌で感じ、そよ風に触れたり雨に降られたりといった本来の親自然的な体験に比べれば、年間を通して一定の温湿度に保たれ、雨風に触れることのないアトリウム内の体験は、それとは別物だ。自然の荒々しい面を避け、もっぱら優しい面とだけ付き合おうとしている点を忘れてはならない。

第二に、アトリウム内の植物が人の環境に合わせるために無理を強いられるケースは多い。いくつかの例外を除けば、植物の生育に適する温湿度は人にとっての心地良い温湿度とは異なり、これをクリアできる植物が選ばれたり、元気回復のために時々入れ替えることを前提に植えられることになる。

第三に、アトリウムはあくまで室内空間であって、換気や排煙、消火などの面で建物並みの設備を備える必要があるから、屋外広場の気楽さに比べれば重装備にならざるを得ない。

1年の寒暖差が大きく梅雨や台風などの悪天候も多いわが国で、年間を通して快適に過ごせるアトリウムが「都市の居間」にふさわしいことはたしかだが、屋外広場の気楽さや豊かさも忘れてはならないし、外気につながる半アトリウムの良さも尊重したい。

ピロティの役割　20世紀の初め、ル・コルビュジェがピロティを提唱した

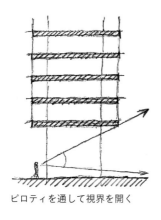

ピロティを通して視界を開く

時に意図した最大の狙いは「建物を地面から持ち上げることによって足元の大地を多くの人々に解放すること」だった。この魅惑的なスローガンは計画者や設計者たちを触発し、結果的には規模や用途を問わず、世界中に多くのピロティが登場することになった。だが個々に見てみると、必ずしもピロティならではの効果が発揮されているとは限らない。一体、ピロティがもたらしてくれるはずの効果とは何だろうか。

・街と建築の接点、すなわち住人や利用者たちが建物を出入りする時の、また来訪者を招き入れたり送り出したりする時の中間的エリア
・室内の延長空間として利用できる半屋外エリア
・自動車等の乗降時に、玄関まで濡れずに行き来できる軒下スペース

などがありそうだが、ピロティがすべてこんな形で使われているとは限らない。無駄な、また時には違法な使われ方として、次のようなケースも多い。

・未利用のまま空いている薄暗い場所
・機器類や雑物の置き場所
・仮設の壁で囲まれた一時的な拡張スペース

もう一つのピロティ効果　コルビュジェがことさら強調することのなかったもう一つのピロティ効果がある。たとえばユニテ・ダビタシオンのピロティを支える柱は異様に大きいが、この高く持ち上げられた床のおかげで、向こう側へ続く大地を遠くまで見通すことができ、建物の足元に大きな開放感が生まれている。あの巨大なアパートがピロティなしに地面からいきなり建ち上がっているとしたら、威圧感と鬱陶しさは耐えられないものだろう。「視界を遠くへ開き、威圧感を和らげてくれる効果」はピロティの大きな力だ。

現実には周囲が高密に建て混んでいて「視界を遠くへ開く」ことにつながらないケースも多いだろうが、逆に、もしピロティがあればもっと解放感が

発揮されたにちがいないと思えるケースも少なくない。そんな可能性を見落としたために、思わぬ圧迫感や閉塞感が生じているケースを見るのはつらい。もちろんピロティ以外に、建物の向こう側への視界を広げてくれるつくりとして、階高の大きなガラスのホールやロビーも効果的だ。

5-5　高層ビルの盲点

　高層ビルの登場は、都心近くの便利な場所や眺めの良い場所に住んだり、働くことを容易にしてくれた。特に近年、免震や制振、省エネやリサイクル、防災・消火・避難設備など多くの技術に支えられて、以前に比べればはるかに快適で安心なビルが登場している。だが高層ビルには、高いこと自体に起因する宿命的なデメリットもあり、それを覚悟の上で付き合う必要がある。

　まず、高層ビルにとって避けられない宿命は、人と荷物と生活用水を高所まで運び上げねばならない点だ。人と荷物はエレベーターで、水は揚水ポンプで上げられるが、それに要するエネルギー消費量は馬鹿にならないし、いったん電気が止まればエレベーターもポンプも止まってしまう。停電の際には自家発電装置がしばらく働いてくれるとしても、非常用照明や放送設備、消火ポンプや一部のエレベーターなどの緊急設備が優先されて、各戸内の照明や設備は二の次にならざるを得ない。もしすべてを長時間動かそうとすれば大容量のオイルタンクとエンジンと発電機を備える必要がある。将来は高性能なバッテリーの開発が期待できるとしても、当面はコスト面から難しい。

　次に、人が地面から離れて過ごす（暮らす／働く）ことのデメリットがある。地上へ降りるために毎回エレベーターを使わねばならない煩わしさや、安全性への心配から幼児や高齢者の外出機会は減り、それだけ引きこもりが起こりやすくなる。働き盛りの若壮年にとっても昇降の不便は無視できない。特に朝の通勤通学時のエレベーター・ラッシュで忍耐を強いられるケースが多いようだが、それを解消するためにエレベーターの台数を無闇に増やすことはコスト面から難しい。もっとも今後は、フレックスタイム制の導入やテレ

ワークの進展によってラッシュの心配は薄らいでゆくかもしれないが。

　屋外との接触については、わざわざ地上まで下りなくてもバルコニーで陽光や外気に触れることは可能だが、地表に比べれば強風の日は多く、いつも快適というわけにはゆかない。近隣との触れ合いも、子供たちが集まって遊んだり、年寄りたちがおしゃべりしたりといった活動が気軽にできるためには、高層階に特別なスペースが必要になる。

　もう一点、高低には関わらない共通課題として遮音性は重要だ。遮音は床と壁の作り方によって技術的な解決が十分可能だが、重量軽減が求められる高層ビルにとってはコストとの闘いだ。遮音性能は床や壁の質量に大きく左右されるから、低価格を目指すケースでは問題が起こりやすい。

　以上のデメリットの解決には難易度があり、次のように整理できそうだ。

　①昇降に要するエネルギー消費は、高さが要因なので避けられない。

　②緊急時の停電対応は解決可能だが、建設コストに大きく関わってくる。

　③ラッシュ時のエレベーター混雑の解消は台数増加で可能だが、建設コストや運転経費に大きく影響する。むしろラッシュの解消を探る方が賢明。

　④幼児や高齢者の触れ合いは、上層階に交流スペースを設けることでかなり改善されるが、活動範囲は限られてしまう。

　⑤遮音性は、建設コストの削減を避ければ解決可能。

　なお最後にあげた「遮音性の解決」はそれほど難しくないにせよ、重要度は高い。かりに遮音性が低くても、隣家どうしがお互いひっそり暮らすことができれば問題は起きにくいだろうが、成人どうしではそれが可能としても、育ち盛りの子供の家庭にとっては深刻な問題だ。「きちんとしつけをすれば良いではないか」という意見もあるだろうが、それは過酷な注文だ。ワイワイ騒いだり、ドタンバタン暴れながら育つことが子供にとって自然な姿であり、それを抑えれば健全な成長は望めない。適度なしつけは必要としても、遮音性の低いマンションでは、よほど抑制をしない限り近隣からのクレームは止まらないし、そんな抑制の下で育った子供たちが大人になった時、思ったことを表現できず過度に控えめになってしまうとしたら問題は深刻だ。

6章
広場、緑、自動車

6-1　広場の居心地

　新たな開発を機にビルの足元に広場が整備され、密集していた街にゆとりが生まれるのは好ましいが、それが通りすぎるだけのガランとした広場だとしたら空虚だし、もったいない。実際には通路を広げただけといった広場も少なくないが、留まりたくなるような居心地を高める何らかの工夫が必要だ。建築主の側には「居心地が良すぎて溜まり場となっては困る」とか「大勢が使えば汚れるし、掃除がたいへんだ」といった気持があるかもしれない。また「収益の上がらない広場に資金を投じるぐらいなら、その分を建物本体へ回したい」という本音もあるかもしれない。だがそれは違う。

　ビルの規模が大きくなればその存在自体が周辺に対して大きなプレッシャーを与え、犠牲を強いることになる。だから、それに対して何らかの見返りを提供することが建築する側のマナーであり、近隣から友好的に受け入れられるための欠かせない貢献でもある。広場や歩路をいかに居心地の良い場所にできるかは、ビルの価値を大きく左右する鍵と言ってよい。

座れる広場　近くに住む人も遠くから訪れる人も、仕事や食事、買物のようなはっきりした目的とは別に、街で時間を過ごしたい時の広場は有難い存在だ。しばらくボーッとしていたい、緑を眺めていたい、風に当たっていたい、新聞やスマホに目を通したい、など中身は様々だろう。だが一体、多くの広場がこんな期待に応えてくれるつくりになっているだろうか。見た目にすっきりデザインされて、美しい植栽や水面が設けられていても、座ったりゆっくり留まったりできる場所はどのぐらいあるだろうか。

　広場は、眺めるだけの場ではなく、身を委ねることのできる居心地の場所であってほしい。路面の石やタイルのパターンが美しくデザインされ、樹木が整然と植えられていても、休んだり佇んだりするにはどこか居心地の悪い

広場は多い。ひょっとしたらここは佇む場所ではなく、建物を引き立てるための背景としての道具立てなのだろうか、と思えるケースさえある。

　心地良く留まれるにはどんなつくりが必要だろうか。座れることは重要だが、そのための仕掛けはベンチとは限らない。頑丈なベンチは値が張るし、ホームレスたちに占拠される心配もある。かといって安いベンチでは補修や交換がたいへんだ。実際には床面に段差が30〜40cmあれば快適に座れるし、植込みや水面の縁（へり）の立ち上がりも少し幅があればベンチとして都合が良い。ちょっと身を委ねることのできる手すりも有難いし、階段も単なる上り下りの装置と割り切るのではなく、広い階段の一部を2段ずつまとめるだけで立派にベンチの役を果たしてくれる。

　街のあちこちに快適に留（とど）まれる場所が増えれば、老いも若きも気軽に外出できるようになる。人々が街に長く滞在すれば活気が増し、わずかでも出費がともなえば経済効果にもつながる。食事や買物といった直接的な消費以外に、もう少し遠回りの経済効果も期待できるだろう。

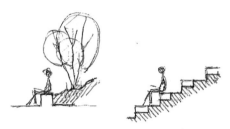

座れるつくり（植込みの縁／階段の一部）

オープンテラス　海外では多くの街でお馴染みなのに、わが国に少ないのは屋外や半屋外の飲食用テラスだ。条例等の規制もあるだろうが、そもそも屋外席を置けるスペースがなかったり、雨の日や寒い日が結構多いという事情も影響していそうだ。そんな中で最近、新たなビル足元の広場や歩路に向けて店舗が屋外席を設けるケースが増えているのは嬉（うれ）しい。

　小規模店舗の場合は「もともと敷地が狭いのに猛暑や極寒、梅雨や台風シーズンを考えると使えない日が多くて採算が合わない」といった事情があるかもしれない。でも最近は「雨や陽射しはパラソルで防げば良いし、寒い日にはコートを着たままでも屋外が気持良い」といった親自然派の客も少なくない。そもそも自然環境には優しさだけでなく厳しさもあり、その両方を受

け入れようとする姿勢にこそ大きな価値がある。今はまだ少数派としても、エコロジカルでサステイナブルな付き合いを求める人たちが次第に増えてゆくだろう。そんな人たちをターゲットにした屋外席がもっと育ってほしいし、それが近年の感染症対策に対しても有効にちがいない。

建物のつくりで言えば、敷地に余裕がない場合も2階から上を前面に残したまま1階だけをセットバックさせれば、雨に濡れない屋外テラスを作ることは容易だし、そこに粋な透明カーテンがあれば極寒期や酷暑期の心配も和らいで、小さな敷地でも成立しやすい。

1階をセットバックさせた屋外テラス

陽射しと木陰　気候面から考える時の第一歩は「冬暖かく夏涼しい」ことで、誰もが好むのは冬の陽射しと夏の木陰だろう。雨の中を濡れずに歩けたり、ちょっとした雨宿りの場所があることも居心地を高めてくれる。こんもり繁る常緑樹は頼もしい日陰を作ってくれるし、ちょっとした雨除けにも役立つが、冬の陽射しがほしい場所で有難いのは落葉樹だ。最近は落ち葉の処理に手間がかかって困るというクレームが増えているようだが、「落ち葉の舞い散る風情」を楽しめるだけの余裕も大切にしたい。また、日除けや雨除けを、樹木だけでなく壁から差し出されたキャノピーやテントのような仕掛けに頼ることも有効だ。

ビルが落とす影は広場の居心地を大きく左右する。建物を南へ寄せて北を広場として空ければ北側隣地へ落ちるビル影は少なくてすむが、それではせっかくの広場が影で覆われて、冬の快適さが失われてしまう。敷地が南北に長い場合の解決は特に難しく、何らか

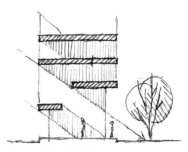

ビルの北側へ光を導く

の工夫が必要だ。たとえばビルの下層階をピロティで高く持ち上げたり、ガラスなど透過性のロビーの天井高を大きくとることで、南からの光をわずかでも北の広場へ導くことが一つの解決策になり得る。

　広場の居心地を高めることは、ビルの直接利用者だけでなく、近隣者や通行者へ快適さを提供することでもあり、周辺の環境向上に寄与する上で欠かせない方策だ。

サンクンガーデンと地下駅　周囲の敷地レベルよりも低い広場としてサンクンガーデンがあり、表通りからの視線をわずかに遮ってくれたり、騒音や強風からの影響を受けにくい落ち着いた場を提供してくれる。実際には、そんなメリットとは逆に誰も下りて行かない寂しいサンクンガーデンもあるが、それを避けるためには深すぎてはならない。気軽に降りて行ける深さは1〜1.5mぐらいだろうから、さらに深い場合には中間レベルを設けたり、なだらかなスロープを組み合わせたりといった工夫によって気楽な上り下りを可能にしたい。

　一方、深いサンクンガーデンには別のメリットがある。上のレベルから眺める時、サンクンガーデンから立ち上がる樹木の樹冠を間近に感じながらの体験は格別で、満開の桜や秋の紅葉が顔近に迫ってくる感覚はなんとも言えない。

深いサンクンガーデンと樹木

　行き止まりで先に何もないサンクンガーデンは淋しくなりがちだ。静寂や孤独を好む人がいるとしても、公共スペースでの防犯面に配慮するならば、行く先には人を惹きつける仕掛けや賑わいがほしい。ベンチや花壇のようなちょっとした仕掛けから、展示スペースや屋外ステージのような本格的なつくりまで色々あるだろうが、もっとも頼りになるのはビル地階の店舗や地下鉄の出入口へつながるケースだ。

　近年の東京には地下鉄駅へつながるサンクンガーデンが増え、そこに店舗

街が加わることで人通りも増して賑わいが高まるケースが増えている。昔ながらの地下鉄駅の出入口は、歩道の脇やビル片隅の階段を上り下りするタイプが主だったが、最近は駅に隣接するビルの建て替えに際して、改札口へつながるサンクンガーデンを設けるケースも増えている。深い地下駅から上がって来た所に明るいスペースが開け、地上からも見下ろせる位置に地下店舗街が顔を出す形で地下と地上とが近づくことは好ましいし、街路レベルまで上がる手前に、車に邪魔されない歩行者だけのエリアが存在する意味は大きい。

　サンクンガーデン本来の特徴とは別だが、もう一つのメリットとして地下に対する豪雨や高潮の浸水対策がある。旧来の地下鉄出入口では備え付けの止水版を落とし込むだけの頼りないつくりがほとんどだったが、スペースにゆとりが生まれれば、防水扉を設けたり排水ポンプを組み込むことが可能になる。

重苦しいシェルターでなく　強い陽射しや雨風を避けるために、広場の一角をガラスなど透明なシェルター（上屋）で覆うケースは多い。外気から遮断されるアトリウムとは違って温湿度は外気に近いが、自然との接触が濃い分だけ開放感や季節感は大きい。シェルターが、場所を印象づけるためのシンボリックな表現として作られるケースもあるが、規模が大きすぎると威圧感ばかりで開放感につながらない。青空や雲の動き、夜空の星や月の姿、それらがクッキリ透けて見える皮膜こそ理想のシェルターだ。だが膜の厚さや面積が増えれば重量は馬鹿にならないし、強風や積雪に耐えるための骨組みはゴツくならざるを得ない。

　遠方から眺める時、高く堂々としたシェルターのアピール度が大きいことはたしかだが、広場としての居心地はそれとは別だ。話題性をアピールしたいケースがあるにしても、日常的な居心地や魅力

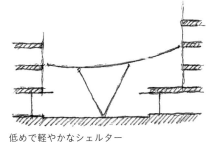
低めで軽やかなシェルター

がないがしろになってしまっては本末転倒だ。シェルターの面積が大きくなる場合に、高さを低く抑えたり所々に柱を立てることで全体を軽やかに作る工夫が欠かせない。また、どんな用途を期待するかを想定しながら日常的な使い勝手に応えることも忘れてはならない。ワゴンセールやカー展示にはフラットな床でも大丈夫だろうが、ちょっとした機材や椅子テーブルを納めるバックスペースがあれば便利だし、ミニコンサートや講演会のためにはステージや段差の工夫もほしい。

ビル風という困りもの　夏の暑さで有難いのは広場の風通しだが、それとは別に大型ビルの足元にはビル風という難問がつきまとう。設計段階のシミュレーションによってビル風を軽減する配慮がなされるとしても、解決策は必ずしも簡単ではない。航空機や高速列車のように、もっぱら空気の流れを優先させてデザインを決めるなら話は別だが、通常の建築は四角い 塊（かたまり） の組み合わせを基本に、ずらせたり、離したり、角度を振ったり、曲面を組み合わせたり、といった操作を経て進められる。中身の用途や規模、位置関係をふまえれば、形状の自由度が無数にあるわけではない。規模が大きい場合には、風洞実験も交えてどこを凹ませるか、あるいは出っ張らせるか、低層部をどんな形で作るのか、どこに樹木を植えるのか、壁を立てるのか、といった検討を経て進められるとしても、的確な結論を得ることは簡単ではない。

　風はもともと空気の塊としての性格が強く、それを完全に遮ったり押さえ込んだりすることは難しく、塊を細かく砕いたり散らしたりする工夫が必要だ。強い風を丸ごと避けるために壁を立てようとすれば、大がかりな壁が必要になるだけでなく、壁の背後に複雑な渦が生じてしまう。細かい凹凸を設けたり、小さな障害物を並べれば渦を小さくすることが可能だし、ビルの隅部を丸めることも渦を弱める効果につながる。特に足元広場の樹木は空気の塊を砕く上で効果があり、広場自体も平滑でノッペリしたつくりよりもギザギザや襞のある方が風を砕く効果を生みやすい。それをデザインとして取り込みながら考えることにも意味がありそうだ。

　建物どうしの隙間の扱いもまた難しく、その間隔や位置関係によって余計

な渦を生む場合と、逆に風を和らげてくれる場合があるという。新たに出来る建物と既存建物を合わせた全体としての風の動きを予測することは重要だが、それを正確に予測し切ることはなかなか困難のようだ。周辺を含めた模型の風洞実験によって、なんとか実際に近い空気の動きをとらえる作業を経るとしても、最終的には、完成後の風の状況に対応しながら足元まわりのつくりを試行錯誤的に調整していく必要がある。

6-2　緑の扱い

炭酸ガスを吸収する緑　都会から急速に減ってしまったのはまとまった緑だ。1戸建ての住宅に対しても緑化義務がほしい所だが、それが整わない状況下で期待できるのは、やはり大型施設の登場にともなう緑の創出だ。

　大型商業施設やマンション、オフィスビルなどの足元広場に樹木や植込みの緑が増えているとはいえ、取り組み方の姿勢はピンからキリまで様々だ。「必要最小限の緑」や「名ばかりの緑」ですませたい建築主も少なくないが、責任の一端は利用者や建物購入者の側にもある。豊かな緑の創出には余分の出費が必要だと考える人たちが増えれば、作る側・売る側ももっと思い切った予算を緑に投入できるようになるにちがいない。

　今はどこでも、炭酸ガス排出量を減らそうとする行動に熱心だが、それに比べると炭酸ガスを吸収してくれる樹木を育てよう、評価しようという関心が思うように高まってくれない。「街に住むものにとって緑の育成は最小限のマナーだ」という意識が根づいてほしいが、「草木の鑑賞」は好きでも「手入れの手間が面倒だから自分ではやりたくない」と考える人は多い。電力消費や自動車利用を抑えるための我慢や努力に比べれば、植物育ての苦労はたいしたことないし、楽しみもともなうはずなのに。

　毎年の植え替えに手間のかかる草花に比べれば、年々成長してゆく樹木は頼もしく、その成長の早さとたくましさには想像以上のものがある。創設から100年近くを経た明治神宮の森は別格としても、50年余りを経た代々木

公園の樹木の旺盛さを見れば大いに勇気づけられる。

　なお、ビルの新築に際して、緑化面積を屋上で確保しようとするケースがある。屋上緑化も炭酸ガスの吸収や屋根面の断熱にとっては効果的だが、もう一つの重要な効果「見て楽しむ緑、触れて楽しむ緑」には応えてくれにくい。高層ビルから見下ろす機会が増えれば視覚的効果は期待できそうだが、それとは別に、近くで眺めたり手に触れたりできる緑は貴重で、そのためには自由に上がれる屋上がほしい。ビルの途中階が専用フロアで入れない場合も、屋上階だけ公開できれば、屋上緑化の価値はもっと高まるにちがいない。

防犯面を考える　最近は、メンテナンスの容易さだけでなく防犯上の理由から見通しのきく簡素な緑が求められるケースが多い。そのせいか平坦な地面を芝生など薄い地被類で覆（ち ひ）い、所々に小さな潅木（かんぼく）を配するだけといったシンプルな植栽も増えている。だが、乾いた市街地にうるおいをもたらしてくれるためにはもっと旺盛な緑がほしいし、起伏のない平坦地にわずかでも高低を作れば敷地の魅力は高まる。防犯面からはどちらも不利なつくりだが、いくつかの工夫によって乗り超えることも可能だ。たとえば起伏を作る場合に、凸状の丘ではなく、すりばち状の凹地を考えれば死角は減って見通しが良くなるし、高木の枝も背丈から下を切り落とし潅木類を低く抑えることで遠くまで見通せるようになる。

すり鉢状の凹型広場

6-3　人と車／駐車場

人と車の葛藤　長い歴史の中で生み出された文明利器の多くは人々の生活を便利で快適なものにしてくれたが、同時に様々な不具合も生み出してきた。その典型が自動車で、長く悩みの種だった排気ガスと騒音については電気自

動車等の開発によって解消へ近づいているものの、最後まで残る大きな課題はサイズとスピードだ。古代以来ずっと人と馬車の通行に合わせて築かれてきた世界の街は、自動車の登場によって大きなギャップを抱え込むことになってしまった。このギャップを和らげるために人と車をどんな形で関係づけたら良いのか、どんな形の融和が可能かなど、今なお世界中で模索が続いている。

入り組んだ狭い道が魅力だったヨーロッパの旧市街では、広場の下に駐車場を設けることで地上を歩行者に開放することに成功した例は多いし、簡易的な方法としては双方を同一平面上でゾーン分けする方法も種々試みられてきた。また狭すぎて分ける余裕のない場所では、車の速度を下げることで両者を共存させるヴォーンエルフなどの方法がとられたり、近年は都心部にバスや路面電車（LRT）、タクシーなど公共性の高い乗物だけを許容するトランジットモールの手法が増えている。わが国は未成熟な段階からなかなか脱しきれないとはいえ、歩行者重視へ向けての動きは少しずつ始まっている。それを視野に入れ、建築と関わる作り方が今後どんな影響を受けるのか、そのためにどんな方策が有効なのか考えてみよう。

人と車の関わりを考える際の大原則は「自動車にとっての好ましい方策も、そのために歩行者の負担や犠牲が増えるならば避けるべき」ということだろう。あまりに当然なこととはいえ、それが置き去りのまま進むケースは結構多い。

たとえば「歩行者が最短距離で移動できるためには、車が迂回したり昇り降りするのは当然だ」とする立場から考える時、まだ道は半ばと言わざるを得ない。歩行者が遠回りする困難に比べれば、車が少し遠回りする時間ロスや燃料消費は知れている。車の走りやすさから考えると、車路の幅を広げたりカーブを緩くすることが有効なのはたしかだが、それではスピードが上がり危険度が増してしまう。だから、幅が狭くカーブのきつい車路をあえて組み込むことも忘れてはならない。

人と車の関係で特に慎重を要するのは両者の動線が交差する箇所であり、もっともきわどい関係は敷地への出入口付近で生じやすい。都心に多いビル

やマンションの地下駐車場、および近郊部に多い中層集合住宅や大型商業施設の屋外駐車場、それぞれの出入口を考えてみよう。

駐車場の出入口と車路　地下駐車場から上がってくる車路が道路にぶつかる箇所では人と車が唐突な関係に置かれるので、それを避けるための余裕あるレイアウトが必要だ。ちなみに東京都の安全条例は、スロープの勾配や、道路に出る箇所で左右を見渡せる角度を定めているが、その数値をギリギリ守るだけでは不十分だ。車がスロープを上がって道路へ出ようとする時、運転席から出口付近を横切る歩行者の様子は見えづらく、スロープを緩くしたり、昇り切ってから出口までの水平距離を十分とる必要がある。また、歩行者からもスロープを上がってくる車の姿を早く察知できねばならない。そのために長い水平部がほしいが、それを道路と並行させることは一つの合理的な策だ。特に出入り頻度の激しい大型ビルでは、その水平距離が後続車の待避スペース何台分かを兼ねることもできる。

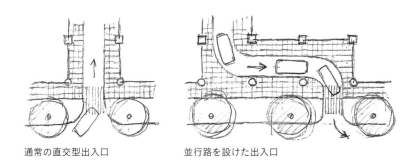

通常の直交型出入口　　　　　並行路を設けた出入口

　地下駐車場内では、駐車位置からエレベーター乗り場までの歩行ルートが難所になりやすく、車路を歩いたり、車の間をすり抜けたりしないですむルートの確保が重要だ。そのためには、車路形状の検討よりも前に歩行者のルートを考える必要がある。人体寸法に比べると車体のサイズは大きく、人の歩行軌跡に比べると車の走行軌跡は融通がききにくい。だから、つい車のルートを優先させがちだが、歩行経路を車路の残余部分に割り当てるような愚は避けねばならない。

敷地が二つ以上の道路に接する場合、車の出入口の位置についてしばしば出会う困った問題がある。警察や道路管理者からは、広い道路の交通を妨げないために狭い方の道路に出入口を設置するよう指導されるケースが多いが、それでは狭い道路の交通量が増えて、住人や近隣者たちの心配が増してしまう。特に深刻なのは、狭い道路の幅を補うために敷地内側へ幅員が広げられる場合だ。敷地部分だけが広く、その前後に続く道が狭いままでは危険度がかえって高まってしまうからだ。「人を優先させ、車が我慢する」原則に徹するならば、車の出入口を広い道路の側に設け、そのために生じる多少の渋滞を許す覚悟が必要だ。その時、出入口の前後に前述の並行待避レーンがあれば、歩行者の安全に加えて本道への影響も減らすことができる。

　なお、大規模な屋外駐車場の車路には時々ピント外れなルート形状が見られる。特に車のスピード設定の見当違いから起こる不具合は困りものだ。敷地内のスピードは高々 15 〜 20 km/h ぐらいに抑えるべきだが、時には30 km/h を超える想定かと思える車路に出会うことがある。想定スピードを高めれば車路の幅は広がり直線的にならざるを得ないから、その分、歩路や広場に犠牲がおよぶ。車路の幅を狭めたりカーブをきつくすることで車が走りにくくなるとしても、歩路との関係は向上し、舗装面を歩路に似た仕上げとすることで、さらに穏やかな運転が期待できる。

木立の駐車場　近郊部の大規模マンションなどで多く用いられる屋外設置式の立体駐車場は威圧的で鬱陶しい。樹木などで隠すことなく堂々と露出しているケースは見苦しいし、3 段も 4 段も積み上がると高さは 7 〜 8 m に達し、周囲への圧迫感は大きい。空調機や受水槽などの設備機器類を少しでも隠そうという流れの中で、駐車設備がむき出しのままそびえ立つことには大きな違和感がある。樹木で隠すだけでなく、2 段分ぐらいを地下に沈めることで高さを減らす必要がある。

　近年は自家用車保有率の低下に加えて、昇降装置のメンテナンス費用がかさむという理由から、立体駐車方式を避ける傾向も現れ始めているという。平面駐車に戻ることは歓迎すべきだが、その場合の駐車スペースにはもっと

樹木がほしい。マンションだけでなく商業施設や娯楽施設など多くの駐車場は、周囲を樹木で囲むことはあっても駐車エリア内には樹木がほとんどない。リゾート地などで木立を交えた駐車場に出会う時すがすがしい雰囲気を感じるが、見た目の美しさだけでなく、夏の太陽から車の温度上昇を守ってくれる点も大きなメリットだ。

　それにしても駐車エリア内にはなぜ樹木が無いのだろうか。駐車台数を最大限とりたい、植樹にかける予算がない、落ち葉の清掃に手間と費用がかかる、などいくつか理由があるだろうが、解決策もあるはずだ。

　駐車台数について言えば、乗用車で全長 4.5 m 以下の小型サイズは結構多い。通常の駐車スペースは長さ 5 m 程度あるが、かりに駐車台数の 1 ／ 3 を小さめの車に当てれば、台数を減らさずにわずかな植栽スペースが設置できる。さらに全体の駐車台数を 6 〜 7％減らす覚悟があればもっと連続的な植栽帯が可能になる。

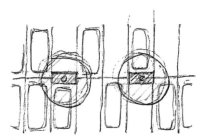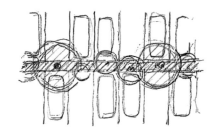

車長 4.5 m を組み合わせた場合　　全駐車台数を 6 〜 7％減らした場合

　樹木の設置と維持にかかる費用をどう考えるかは、実は利用者側の姿勢に大きく関わっている。植樹や維持に余分の費用をかければ、それが価格にはね返ってくるからだ。マンションならば分譲価格や家賃に、スーパーマーケットならば商品価格に、娯楽施設ならば入場料にそれぞれ上乗せされる。だが駐車場に木立があれば夏の暑さは軽減され、景観も向上する。この余分な出費に賛同できる客が増えれば、費用の問題はすぐにも解決するはずだ。だが、そんな客層がなかなか育ってくれないのは残念だ。

駐車台数を抑えたら　オフィスもマンションも、駐車台数をどのぐらいに設

定すべきかはいつも計画者の頭を悩ませる。自治体等が必要台数を減じる動きもあるようだが、それとは別に、台数が少なすぎて車が溢れれば利用者から苦情が出るだろうし、多すぎて大幅に空きが出るようでは建設コストが無駄になってしまう。双方を天秤にかけながら適切な台数を想定することになるだろうが、台数不足を承知の上であえて少なめに設定する選択肢もあって良い。

　バスや鉄道、タクシーなど公共的な交通が便利な場所でも、駐車スペースがたっぷりあれば気軽に車で来てしまう常用者は多い。だが駐車台数が不足気味と分かれば、それをきっかけに公共手段へ切り替える人も現れる。特に都心部では、徒歩や自転車で動ける距離にもかかわらず習慣的に車で移動する人は結構多いし、遠方からはバスや地下鉄に乗り慣れないために車で気軽に来てしまうケースもあるだろう。少なめな台数設定がそんな慣習を変えるきっかけになれば大きなメリットだし、駐車台数を減らせば建築工事費は縮小して、家賃や分譲価格の軽減に反映される。また公共交通への乗り換えが進めば乗用車利用が減って、エネルギー軽減にも寄与できることになる。

　ただ、このような駐車台数の削減が大都市では進みやすいとしても、郊外や中小都市では難しいのだろうか。いや、人口減少とともに空地が得られやすくなれば、コストのかかる地下駐車場や立体駐車場に頼るメリットは減り、台数で悩む必要も減ってゆくにちがいない。

自動運転が駐車場を縮小する　　自動運転の技術は、高速道路や幹線道路など条件設定の容易な所から順に実用化へ向かうだろうが、駐車場内の走行にとっても大いに有望と言える。空きスペースを探すために動き回る手間と時間や、見つかった空きスペースに車をうまく納めるテクニックこそ、自動運転の得意分野にちがいない。運転者が駐車場入口の溜まりスペースで車を降りれば、車は駐車位置まで自動的に送られ、出庫時には逆の手順で車を受け取ることができる。立体パーキングを水平に置き換えたような仕組みだが、運転者が場内移動と定位置の駐車に関わらないことで手間と時間、さらにスペースも大幅に削減できる。

当面は既存の駐車場をそのまま使うとしても、将来はもっと合理的な駐車場づくりが可能になる。人が運転する場合は車路の幅に余裕が必要だが、自動運転ならば車幅ギリギリですむし、駐車スペースの幅も削減できる。乗り降りのためのドア開閉が不要になれば、車体どうしをギリギリに詰めて並べることが可能になるからだ。

超小型自動車の出番 電動化や自動化以外に、軽量化や超小型化も環境向上にとって有望な分野だ。街を走っている乗用車の乗員人数を数えてみると、平日は1人が圧倒的に多く、それに次ぐのが2人で、3人以上は少ない。普通乗用車（5ナンバー車）が占める面積は1台約8m²だから、たった1〜2人で畳5帖分もの面積を占有することになる。超小型の2人乗り乗用車「スマート」（メルセデス）の占有面積は4.5m²で普通車の約60%だ。さらに、コンビニなどが配達に使っているコムス（トヨタ）は極小サイズとも言える1人乗り（長さ2.4m×幅1.1m）で、面積は普通乗用車の1／3にすぎない。現状の駐車場そのままでも、3台分のスペースに5台の駐車が可能だし、最初から専用スペースとして作れば半分以下の駐車面積ですむことになる。ここで、もし超小型車への移行の前に立ちはだかる壁があるとすれば、それは「大型車こそがステイタスだ」とこだわる人たちのメンツかもしれない。

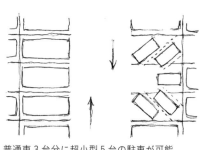

普通車3台分に超小型5台の駐車が可能

6-4 駅前開発とデッキ

駅を街へつなぐ 近郊の鉄道駅まわりの再開発は、駅前広場や周辺道路の整備を含んで行われるケースが多いが、その際にぜひ必要なのは「駅を既存の街とつなげること」へのこだわりだ。

近郊駅での開発は、公共交通が網目状に巡る都心駅の場合とは異なる難し
さがある。バスやタクシーなど周辺住宅地へ向かう交通網の起点としての役
割のほか、周辺居住者にとっての買物中心施設が含まれるケースが多いから
だ。これらの目的に的確に応えようとするあまり、交通広場や大型スーパー
マーケットの利便性を優先させすぎると、街らしさを犠牲にした本末転倒の
結果を招きかねない。

　たとえば線路で分断されていた両側の街を、開発を機につなげようとする
際に、中央の要(かなめ)の位置にバスやタクシーの駐停車スペースが出しゃばって
入り込んだり、スーパーマーケットの広い売場が立ちはだかるとしたら、本
来の街らしさが得られにくくなる。線路を超えての行き来や、駅から街へ向
かう歩行ルートが妨げられるつくりだとしたら、両側の街にとっての肝心な
融合も、中心にふさわしい居心地の良い場所づくりも、中途半端な結果に終
わってしまうからだ。

既存の街を隠さないデッキ　駅前再開発を機に、高架駅から歩行用デッキが
そのまま既存道路の上へ伸びてゆくケースがある。デッキからブリッジを経
て、大型ビルの2階や3階へ直接つながる形だ。それによって、地上におけ
る人と車の交錯は軽減され、狭かった駅周辺のスペースが有効で安全に利用
できるようになる優れた方法ではあるが、いくつか留意すべき点がある。

　地上レベルには旧来の街が存在し、店並みや路地や街路樹がそれぞれの場
所を特徴づけている。その上に新たなデッキを架ける際には、それら旧来の
特徴に対しての注意深い配慮が必要だ。特に地表レベルを暗く陰鬱にしない
ためには、どこを覆ってどこを空けるかのレイアウトが重要だ。上下のレベ
ルをバラバラな別世界としないための昇降手段（階段、エレベーター、エスカレ
ーターなど）をある間隔で設けることはもちろんだが、それとは別に、要の
位置に象徴的な広い階段を設けることで上下階はより密接につながり一体感
が増す。

　デッキ型開発の実際例を見ると、力がこもりすぎてデッキ面積が異様に広
かったり、橋桁や手すりのデザインが重すぎて、下の街を圧迫しそうなケー

スに出会うことがある。どこまで軽やかでさりげない架け方ができるか、それが街の心地良さを左右する鍵になるだろう。最近は屋外型のエスカレーターが増えているが、歩行者の昇降をエスカレーターだけに頼るのではなく、広く緩やかな階段の存在は欠かせない。災害時や停電時のためだけでなく、座ることもできる日常的なゆとりの場として、また時にはちょっとしたパフォーマンスの見物席にもなってくれれば、といった感覚で考えたい。街にとっての究極の姿は「暮らしの舞台」を作ることであり、「安全でスムーズに目的地へ到達できること」ばかりが先行してはならない。

　もう一点、歩行用デッキは公共領域に属するケースが多いが、設置者と建築主との協調は重要だ。かりにビル側の意図がデッキの設置に反映されていない場合も、ビルの側に何らかの工夫を加えることでデッキの不備や難点を軽減したり、ビル自体の魅力を高めることが可能だ。

　たとえば、デッキが広すぎてビルとの隙間が狭い場合に、ビル内に吹き抜けを設けることで下階や歩道に明るさが届き、ビル内の窮屈さも和らぐ。特に出入りの多い建物のエントランスまわりに吹き抜けを設ければゆとり効果は大きい。またデッキと地上を結ぶ昇降手段が少ないために上下のレベルが分断されすぎている場合には、ビルの側にゆとりある階段やエスカレーターを設けることで、上下方向の人の流れは活性化し、隠れがちな他階の様子も見やすくなる。

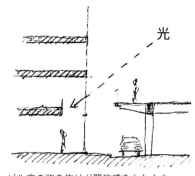

ビル内の吹き抜けが開放感をもたらす

おわりに

　第1部の具体事例を選び出す際に役立ったのは、Googleほかの航空写真だ。直接現地へ行って見るのが必須だと分かっていても、東京には高さ100mを超えるビルが400以上もあり、すべて訪れることは難しい。突出して高い建物や大きく広がる建物群を拾い出し、クローズアップによって足元周りを眺めながら狙いを定めて現地を訪れるといった手順をとることになった。それでも実際に行ってみて、期待はずれのため諦<ruby>諦<rt>あきら</rt></ruby>めたケースも多いが、結果的に150余りの事例を選ぶことができた。

　現地の移動に際して役立ったのは東京都が発行するシルバーパスだ。すべての路線バスと都営地下鉄に乗れる気楽さに加えて、これまで電車で動いていた時には気づくことのなかった街の雰囲気をより身近に感じたり、思わぬ街角の風景に出会うことができた。鉄道が網目状に完備している東京だが、地下鉄から街を眺めることはできないし、地上の路線もあくまで線上での移動だ。その点、きめ細かく巡らされたバスのネットワークと適度のスピードは、面として街をとらえる上でたいへん都合が良かった。

　写真撮影については当然とは言え、光の難しさを改めて痛感した。光と被写体の向きと周辺建物の関係から、撮影の時期や時間については苦労が多い。いつ行っても陽のまったく当たらないケースは諦めざるを得なかったが、太陽の高い時期にもう一度撮り直したいシーンもいくつか残ってしまった。

　撮影の際にもう一つ頭を悩ませたのは、歩行者と自動車だ。もちろん歩行者は街の主役として歓迎すべき対象なのだが、あまりに多いと肝心の被写体が隠れてしまうので、タイミングを待たねばならない。通行量の多い自動車についても同様だが、搬出入のトラックがいつまでも立ちはだかって動いてくれないケースには閉口した。

　こんな経緯を経て完成した本だが、編集に際して、時には昼夜問わずのやりとりにもお付き合いいただいた前田裕資氏に深く感謝申し上げたい。

大江　新

大江 新（おおえ しん）

建築家、法政大学名誉教授。
1943 年生まれ、1968 年東京大学工学部都市工学科卒業、大江宏建築事務所にて建築設計にたずさわる。その後同大学工学系大学院都市工学博士課程を経て、1989 年に大江宏建築事務所を継承（主宰）、1998 年大江建築アトリエに改称（代表）。宏の没後に深く関わった設計として、平櫛田中彫刻美術館（東京都小平市）、三渓園「鶴翔閣」保存再生設計（横浜市）、金剛能楽堂（京都市）、増戸保育園（東京都あきる野市）など。
1984 年から 2013 年まで法政大学工学部（現デザイン工学部）建築学科にて建築教育に従事。1990 年代以降は世田谷区、千代田区、江戸川区において、環境、景観、街づくり等の審議会委員を歴任。

東京・再開発ガイド
街とつながるグラウンドレベルのデザイン

2023 年 1 月 25 日　第 1 版第 1 刷発行

著　　　　者……大江 新

発　行　者……井口夏実

発　行　所……株式会社 学芸出版社
　　　　　　　京都市下京区木津屋橋通西洞院東入
　　　　　　　電話 075-343-0811　〒600-8216
　　　　　　　http://www.gakugei-pub.jp/
　　　　　　　info@gakugei-pub.jp

編 集 担 当……前田裕資

装　　　　丁……上野かおる

印 刷・製 本……シナノパブリッシングプレス